図解
コンピュータアーキテクチャ入門
第3版

堀 桂太郎 著

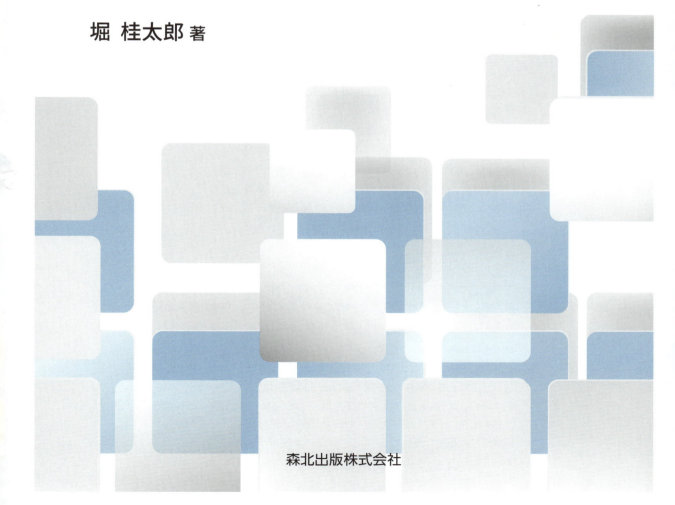

森北出版株式会社

●本書のサポート情報を当社Webサイトに掲載する場合があります．
下記のURLにアクセスし，サポートの案内をご覧ください．

https://www.morikita.co.jp/support/

●本書の内容に関するご質問は，森北出版 出版部「(書名を明記)」係宛
に書面にて，もしくは下記のe-mailアドレスまでお願いします．なお，
電話でのご質問には応じかねますので，あらかじめご了承ください．

editor@morikita.co.jp

●本書により得られた情報の使用から生じるいかなる損害についても，
当社および本書の著者は責任を負わないものとします．

■本書に記載している製品名，商標および登録商標は，各権利者に帰属
します．

■本書を無断で複写複製（電子化を含む）することは，著作権法上での
例外を除き，禁じられています．複写される場合は，そのつど事前に
(一社)出版者著作権管理機構（電話03-5244-5088，FAX03-5244-5089，
e-mail：info@jcopy.or.jp）の許諾を得てください．また本書を代行業者
等の第三者に依頼してスキャンやデジタル化することは，たとえ個人や
家庭内での利用であっても一切認められておりません．

第3版　まえがき

　第3版では，内容全般を新しい技術に合わせるよう，たとえば以下の見直しを行った．
　　第1章：情報化社会についての記述の追加
　　第2章：マザーボードの外観例の追加
　　第4章：CISC の例を H8 マイコンから RX マイコンへ更新
　　第7章：ハードディスク装置についての記述の更新
　　第11章：機械式マウスの記述の削除と，青色 LED を用いたマウスの記述の追加
　　第12章：リアルタイム OS の記述の追加
　このほか，掲載している写真や各種技術規格の更新を行った．ただし，使われなくなった製品や技術であっても，発展の経緯として理解していただきたいと考えた項目については，削除せずに残してある．さらに，2色刷りとし，見やすくした．
　本書が，初版や第2版と同様に，コンピュータアーキテクチャの入門書としてお役に立つことを心より願っている．今後も，見つかった誤記などについては，正誤表を作成するなどの対応に努めていく所存である．
　最後になったが，第3版発行の機会を与えてくれた森北出版の森北博巳社長，並びに編集でお世話になった村瀬健太氏にこの場を借りて厚く御礼申し上げる．

2019 年 10 月　　　　　　　　　　　　　　　　　　　　　　　　　　　　著　者

第2版　まえがき

　本書の初版発行からおよそ6年が経ち，幸いにしてこれまで多くの読者からご好評を賜り，増刷を重ねてきた．また，高専や大学の教科書としても多数の採用をいただいた．著者としては，望外の喜びであり，感謝することしきりである．一方で，コンピュータ技術発展のスピードは速く，新技術や新規格への移行が進んでいる．このため，初版に改訂を加えた第2版を発行する運びとなった．
　第2版では，たとえば，機器についての容量や処理速度などの数値を更新し，ブルーレイディスクやフラッシュメモリ，レーザプリンタなどの原理を追加した．また，初版を使って講義を行ってきた中で，質問の出やすい箇所についての説明を加筆するとともに，全体を点検した．一方で，初版が多くの読者に受け入れられた事実を考慮して，扱うレベルや範囲については初版と同程度とした．しかしながら，著者の力量不足のために，さらに修正すべき箇所が残っているかもしれない．これについては，正誤表を作成し公開するなどの対応に努めていく所存である．
　本書が，初版と同様にコンピュータアーキテクチャの入門書としてお役に立つことを心より願っている．また，本書発行の機会を与えてくださった森北出版の森北博巳氏，並びに編集でお世話になった塚田真弓氏にこの場を借りて厚く御礼申し上げる．

2011 年 10 月　　　　　　　　　　　　　　　　　　　　　　　　　　　　著　者

まえがき

　本書は，これからコンピュータアーキテクチャを学ぼうとする高専や大学の学生，および技術者の方々を対象にした解説書である．著者が長年にわたってコンピュータアーキテクチャの指導を行ってきた経験を活かして，初心者が理解しやすいように，図を多く用いたわかりやすい説明を心がけた．また，できるだけ具体的な例を紹介することで，読者の理解が深まるよう配慮した．セメスタ（学期）を意識して全14章としたが，数回の講義で1章分の内容を丁寧に学べば，通年講義の教科書としても使用できる構成とした．

　第14章では，設計演習としてRISCの設計に関する課題を用意した．自作可能なCPUの設計法を解説した良書は少なくないが，扱っている内容は初心者にとって難易度の高いものが多いように見受けられる．そのような中で，渡波郁氏の「CPUの創りかた（毎日コミュニケーションズ）2003.9 初版」は，強烈なインパクトを与える名著であると考える．独特の言い回しを用いて，初心者が簡易型CPUの動作原理や設計法を理解できるように解説している．本書の第6章で扱ったワイヤードロジック制御方式のコンピュータのモデルと第14章で扱った簡易コンピュータの設計では，「CPUの創りかた」を大いに参考にさせていただいた．渡波氏にこの場を借りて敬意を表したい．

　一見簡単に思える回路であっても，実際に製作して動作させてみると，さまざまな問題点が浮き彫りになることはめずらしくない．これらの問題点を解決していくことで，実践力が大いに身に付くはずである．読者の方々も，できるだけ実際に回路を製作して実験・考察を行っていただきたい．

　本書が，コンピュータアーキテクチャ学習の一助になれば著者として望外の喜びである．また，著者のケアレスミスなどによる誤記もあろうが，読者のご批判，ご叱正をいただければ幸いである．

　最後になったが，本書を出版するにあたり，多大なご尽力をいただいた森北出版の森北博巳氏，ならびに編集でお世話になった塚田真弓氏，石田昇司氏にこの場を借りて厚く御礼申し上げる．

2005 年 2 月

国立明石工業高等専門学校
電気情報工学科
堀　桂太郎

目次

第1章 コンピュータの発展

1.1 コンピュータアーキテクチャとは ……………………………………………… 1
1.2 コンピュータの歴史 …………………………………………………………… 3
    1.2.1 機械式計算機以前　3
    1.2.2 機械式計算機　4
    1.2.3 電子式計算機　5
    1.2.4 日本における計算機の歴史　7
1.3 コンピュータの分類 …………………………………………………………… 9
1.4 情報化社会 ……………………………………………………………………… 10
  演習問題 …………………………………………………………………………… 10

第2章 ノイマン型コンピュータ

2.1 ノイマン型コンピュータの基本構成 ………………………………………… 12
    2.1.1 ノイマン型コンピュータの特徴　12
    2.1.2 基本構成　12
    2.1.3 CPU の発展　13
    2.1.4 CPU の構成　15
2.2 ノイマン型コンピュータの基本動作 ………………………………………… 17
    2.2.1 命令実行の流れ　17
    2.2.2 基本動作　17
    2.2.3 サブルーチンの実行　20
    2.2.4 フォン・ノイマンのボトルネック　21
    2.2.5 パソコン用 CPU の構成と動作　21
  演習問題 …………………………………………………………………………… 23

第3章 命令セットアーキテクチャ

3.1 命　令 …………………………………………………………………………… 25
    3.1.1 機械語命令　25
    3.1.2 命令の形式　25
    3.1.3 命令セット　28
    3.1.4 命令機能の評価　29
3.2 アドレッシング ………………………………………………………………… 30
    3.2.1 アドレッシングとは　30
    3.2.2 各種のアドレッシング　31
  演習問題 …………………………………………………………………………… 33

第4章　ハーバードアーキテクチャ

4.1　ハーバードアーキテクチャの構成	34
4.1.1　ハーバードアーキテクチャの特徴　34	
4.1.2　ハーバードアーキテクチャの例　35	
4.2　RISC と CISC	37
4.2.1　RISC とは　37	
4.2.2　CISC，RISC の実例　38	
演習問題	41

第5章　演算アーキテクチャ

5.1　データの表現方法	42
5.1.1　10 進数の表現　42	
5.1.2　負の数の表現　44	
5.1.3　実数の表現　45	
5.1.4　文字データの表現　47	
5.2　演算アルゴリズム	48
5.2.1　加減算アルゴリズム　48	
5.2.2　乗算アルゴリズム　49	
5.2.3　除算アルゴリズム　52	
演習問題	56

第6章　制御アーキテクチャ

6.1　コンピュータの制御	57
6.2　ワイヤードロジック制御方式	57
6.2.1　コンピュータのモデル　57	
6.2.2　命令実行時の動作　59	
6.3　マイクロプログラム制御方式	61
6.3.1　マクロ命令とマイクロ命令　62	
6.3.2　マイクロ命令の形式　63	
演習問題	64

第7章　メモリアーキテクチャ

7.1　メモリ装置の基礎	65
7.1.1　メモリ装置の機能　65	
7.1.2　メモリ装置の階層　66	
7.2　IC メモリ	67
7.2.1　IC メモリの分類　67	
7.2.2　RAM　68	

7.2.3 ROM　72

7.3　補助記憶装置 ……………………………………………………………… 74
　　7.3.1　ハードディスク装置　74
　　7.3.2　光ディスク装置　77
　✎演習問題 ………………………………………………………………………… 79

第8章　キャッシュメモリと仮想メモリ

8.1　キャッシュメモリアーキテクチャ ……………………………………… 80
　　8.1.1　キャッシュメモリとは　80
　　8.1.2　マッピング方式　82
　　8.1.3　主記憶装置への転送方式　83
8.2　仮想メモリアーキテクチャ ……………………………………………… 84
　　8.2.1　仮想メモリとは　85
　　8.2.2　分割方式　86
　　8.2.3　マッピング方式　87
　✎演習問題 ………………………………………………………………………… 90

第9章　割込みアーキテクチャ

9.1　割込みの概要 ……………………………………………………………… 91
　　9.1.1　割込みとは　91
　　9.1.2　割込みの分類　91
　　9.1.3　割込みベクタ　92
9.2　割込みの動作 ……………………………………………………………… 93
　　9.2.1　割込み処理の流れ　93
　　9.2.2　割込み受付のタイミング　94
　　9.2.3　割込み信号の検出　95
　　9.2.4　ウォッチドッグタイマ　95
　✎演習問題 ………………………………………………………………………… 96

第10章　パイプラインアーキテクチャ

10.1　パイプライン処理の基本 ………………………………………………… 97
　　10.1.1　パイプラインとは　97
　　10.1.2　パイプラインの構成　97
10.2　ハザード ……………………………………………………………………… 98
　　10.2.1　ハザードとは　98
　　10.2.2　遅延分岐と分岐予測　100
10.3　高速化技術 ………………………………………………………………… 102
　　10.3.1　スーパーパイプライン　102
　　10.3.2　スーパースカラ　103

目　次　v

10.3.3　VLIW　104
10.3.4　ベクトルコンピュータ　104
10.3.5　マルチプロセッサ　105
演習問題 …………………………………………………………………… 106

第11章　入出力アーキテクチャ

11.1　入出力装置の制御 ……………………………………………………… 108
11.1.1　直接制御方式　108
11.1.2　間接制御方式　109
11.1.3　入出力インタフェース　111
11.2　入力装置 ……………………………………………………………… 112
11.2.1　キーボード　112
11.2.2　マウス　113
11.3　出力装置 ……………………………………………………………… 114
11.3.1　ディスプレイ　114
11.3.2　プリンタ　115
11.4　ヒューマン・マシンインタフェース ………………………………… 116
11.4.1　データグローブ　116
11.4.2　モーションキャプチャシステム　117
11.4.3　3次元感触インタフェース　117
11.4.4　ヘッドマウントディスプレイ　118
演習問題 …………………………………………………………………… 118

第12章　システムアーキテクチャ

12.1　OSの役割 ……………………………………………………………… 119
12.1.1　モニタプログラムとOS　119
12.1.2　OSの目的　120
12.1.3　OSの構成　122
12.2　OSの機能 ……………………………………………………………… 123
12.2.1　プロセス管理　123
12.2.2　入出力管理　124
12.2.3　ファイル管理　125
12.3　リアルタイムOS ……………………………………………………… 125
演習問題 …………………………………………………………………… 126

第13章　ネットワークアーキテクチャ

13.1　ネットワークの形態 …………………………………………………… 127
13.1.1　集中処理と分散処理　127
13.1.2　LAN　128

13.1.3　伝送制御方式　　129
13.2　ネットワークの構成 ………………………………………………………… 130
13.2.1　クライアント・サーバ型　　130
13.2.2　プロトコル　　131
13.2.3　ネットワーク用機器　　132
✎演習問題 ………………………………………………………………………… 134

第 14 章　コンピュータ設計演習

14.1　簡易コンピュータの構成 ……………………………………………………… 135
14.1.1　仕　様　　135
14.1.2　構　成　　136
14.2　CPU の設計 ……………………………………………………………………… 137
14.2.1　演算回路　　137
14.2.2　レジスタ　　137
14.2.3　制御回路　　138
14.2.4　クロック回路　　143
14.3　メモリ回路の設計 ……………………………………………………………… 144
14.3.1　DMA 回路　　144
14.3.2　メモリ IC　　146
14.3.3　書込みパルス発生回路　　147
14.3.4　電源回路　　148
14.3.5　プログラミング　　148
✎演習問題 ………………………………………………………………………… 149

付録 A ……………………………………………………………………………… 150
付録 B ……………………………………………………………………………… 150
演習問題の解答 …………………………………………………………………… 152
参考文献 …………………………………………………………………………… 161
さくいん …………………………………………………………………………… 162

1 コンピュータの発展

ねらい この章では，「コンピュータアーキテクチャ」が何を指す用語なのかを理解しよう．そして，機械式計算機や，今日では一般にも広く普及しているコンピュータがどのように発展してきたのかなどを学ぼう．

1.1 コンピュータアーキテクチャとは

　コンピュータは，研究者や技術者のみならず，一般の人々にも，ごく普通の道具として広く使用されている．また，コンピュータは，**ハードウェア**（hardware）と**ソフトウェア**（software）から構成されているという事実は，もはや常識となっている．たとえば，図 1.1 に示すように，ハードウェアはコンピュータ本体やその周辺機器，ソフトウェアは OS（オペレーティングシステム）やワープロ，表計算などのプログラムを指すという認識が一般的であろう．つまり，両者は，別の商品を指す用語であると捉えられることが多いようである．

図 1.1　ハードウェアとソフトウェア

　一方，コンピュータを設計する立場の人からみると，ハードウェアとソフトウェアは，より緊密に関係していると考えられる．たとえば，高性能なハードウェアを構築する場合には，そこで動作するソフトウェアの仕様を含めた設計を行う必要がある．同様に，高性能なソフトウェアを開発する場合には，ハードウェア（動作環境）を考慮することが不可欠な要素となる．また，ハードウェアとソフトウェアが連携して，ある機能を実現する場合も少なくない．つまり，どのようなコンピュータシステムを構成するのかという設計思想は，ハードウェアとソフトウェアの双方を含んだものとなる．

　図 1.2 に示すように，ハードウェアとソフトウェア（とくに OS），さらにはコンピュータの設計思想や開発技術を包括して，**コンピュータアーキテクチャ**（computer architecture）という．

　アーキテクチャ（architecture）には，「構成，構造」などの意味がある．コンピュータアーキテクチャとは，コンピュータの構成に関わるすべての項目を含む用語である．また，図 1.3 に示すように，コンピュータを構成要素ごとに分割して，たとえば，命令セットアーキテクチャ，メモリアーキテクチャ，入出力アーキテクチャなどということもできる．

　「コンピュータアーキテクチャ」においては，コンピュータを計算機と訳して「計算機アーキテクチャ」という場合がある．また，システム（system：装置，体系）という用語を用いて「コンピュータシステム」，「計算機システム」ということもある．

図 1.2　コンピュータアーキテクチャ

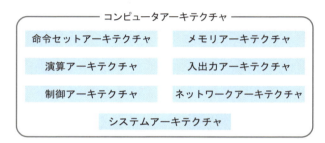

図 1.3　各種アーキテクチャの例

　個人でパーソナルコンピュータ（以下，パソコンという）を購入する場合を考えよう．誰もが，より低価格でより高性能な機種を購入したいと考えるのは当然のことである．しかし，予算には限界があるため，価格と性能のバランスを考えて機種を選定することになる．たとえば，高速に動作するパソコンほど高価格である場合には，動作速度と価格の兼ね合いから妥協点を見つける．このように，「あちらを立てればこちらが立たず」という状況での妥協を**トレードオフ**（trade off）という（図 1.4）．

　コンピュータの設計においては，たとえば，図 1.5 に示すように，汎用性を重視すれば高速性の実現が困難になり，操作性を重視すれば専門性が損なわれるなどのトレードオフが考えられる．また，ある機能を実現する場合に，ソフトウェアを重視すると拡張性が高まるが，高速性が

図 1.4　トレードオフ

第 1 章　コンピュータの発展

図1.5 コンピュータアーキテクチャのトレードオフの例

損なわれ，ハードウェアを重視するとこの逆の結果となるソフトウェアとハードウェアのトレードオフなどもある．このように，コンピュータアーキテクチャにおいては，常にトレードオフを考慮した設計が必要となる．

1.2 コンピュータの歴史

ここでは，「計算をするための道具」について，その歴史を簡単に振り返ってみよう．

1.2.1 機械式計算機以前

いまから三千年以上前のバビロニア（メソポタミア（現在のイラク）南部）では，地面に線を描いて，そこに置いた小石を移動することで計算を行っていたと考えられている．計算法を意味する英語（calculus）の語源は，小石を意味するラテン語（calculi）に由来するのはこのためである．この計算方法は，やがてアバカス（ソロバン）として発展し，中国経由で室町時代（1570年代）の日本へも伝わった．

また，現存する最古の数表は，バビロニアで小石を移動させる計算方法を用いて作成されたと考えられている（図1.6）．数表とは，たとえば平方根や三角関数を求めることのできる一覧表のことであり，機械式計算機が登場するまでは，天文学や工学などでさかんに使用された．数表は科学技術の発展に大いに貢献したが，たくさんの数値を羅列した表であるために誤記が多いという問題があった．

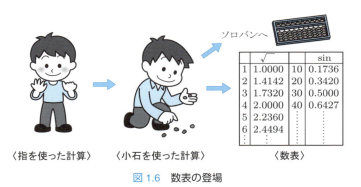

図1.6 数表の登場

1.2 コンピュータの歴史　3

1.2.2 機械式計算機

機械式計算機のルーツを探ると，**シカルト**が友人の天文学者ケプラーのために，歯車を組み合わせた計算機を 1623 年に考案している．また，1642 年には，**パスカル**が税金の仕事をしていた父のために，パスカリーヌという名前の歯車式計算機を製作した．しかし，これらの計算機は，どちらも桁上がりが連続して発生する場合の動作が不安定であるなどの欠点があり，普及には至らなかった．その後，1673 年には，**ライプニッツ**が巧妙なメカニズムで，加算に加えて乗算や除算も実行できる計算機を考案した．この計算機は改良が重ねられ，電子式卓上計算機の登場まで広く使用されることとなった．

イギリスの金属細工師の家系に生まれた**バベッジ**は，1823 年に**階差法**とよばれる（**差分法**ともいう）計算手法を応用した**階差エンジン**の開発に着手した．階差法とは，たとえば，図 1.7 に示すように，数列の差を第一階差，第二階差として示した表から多項式の解などを求める手法である．この手法を用いると，加算によって多項式の計算を行うことができる．

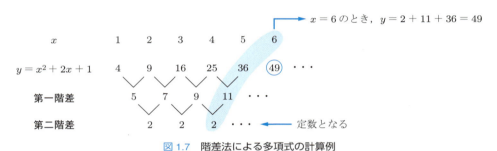

図 1.7 階差法による多項式の計算例

階差エンジンの特徴の一つは，印刷装置を備えていたことである．これは，計算結果を数表として直接印刷することで，誤植をなくそうという画期的な考えに基づいていた．残念ながら，バベッジは資金不足や製作技士とのトラブルなどのために階差エンジンを完成させることができなかった．しかし，1991 年にロンドン科学博物館が，バベッジの残した資料を基に階差エンジンを製作して，その理論的な正しさを実証している．なお，現在使用されている「エンジン」の語源は，「創造力」を意味するラテン語に由来する．図 1.8 に，製作された階差エンジンのレプリカの外観を示す．

バベッジは，階差エンジンの失敗に挫けることなく，1834 年には**解析エンジン**の設計に着手した．解析エンジンは，パンチカードによって演算の種類と演算対象のデータを入力できる汎用性にすぐれた画期的な機械式計算機であった．バベッジは，このアイデアを**ジャガード織機**（1801 年フランスで発明された）から得たとされている．この織機は，織り上がる織物の模様や長さをカードによって制御できる機械であった．図 1.9 に，おもな機械式計算機の歴史を示す．

コンピュータの定義を「プログラムによって計算を自動的に行う機械」とした場合においては，解析エンジンを設計したバベッジをコンピュータの父とよぶ研究者も多い．解析エンジンは，バベッジの死後，息子のヘンリーに引き継がれ，その一部が製作されたが完成には至らなかった．

また，階差エンジンは，スウェーデンで印刷業を営んでいた**シュウツ**とその息子によって 1853 年に実用化され，大成功を収めた．シュウツの完成させた階差エンジンは，バベッジの考

図 1.8　バベッジの階差エンジン
[写真提供：国立科学博物館（東京）]

図 1.9　機械式計算機の歴史

えた機械より簡素化されており，計算速度などは遅かったが，小型軽量化に成功していた．完璧を求めるバベッジは，理想を追求するあまり，それが災いして階差エンジンを完成させることができなかったのかもしれない．一方，現実的な考え方をするシュウツは，妥協点（トレードオフ点）をうまく見い出し，割り切った作業によって成功を収めたと見ることもできる．

その後，1890 年にはアメリカの**ホレリス**が，パンチカード方式の国勢調査用作表機を開発し，大成功を収めた．彼の設立した会社は，世界を代表するコンピュータメーカである IBM として発展している．

1.2.3　電子式計算機

1919 年に**エレックス**とジョルダンが電子式のフリップフロップを発明し，1932 年に**ウィリアムス**がサイラトロン（真空管の一種）を用いた 2 進カウンタを開発した．そして，1937 年から 1942 年にかけて，アイオワ州立大学の**アタナソフ**と**ベリー**が電子式のディジタル計算機を試作した．アタナソフは，当初この計算機をアタナソフ式計算機とよんでいたが，その後はアタナソフ（Atanasoff）とベリー（Berry）が作った計算機（computer）ということで，それぞれの頭文字をとって **ABC マシン**とよぶことにした．ABC マシンは，電子式論理回路や回転式リフレッシュメモリなどの新しい技術を搭載した計算機であった．ただし，**ガウス消去法**とよばれる計算方法を想定した計算機であり，与えられたプログラムによって動作する**プログラム制御方式**を実現していたとはいえない．また，実用化にも至っていない．

1943 年には，ハーバード大学の**エイケン**と IBM 社によって，**ハーバード MarkI-I** とよばれるプログラム制御方式の計算機が開発された．この計算機は，命令とデータを別々のメモリに格納

する方式を採用していた．しかし，ハーバードMark-Iは，多くの部分が機械式（リレー）であったため電子式には分類できないという見解が一般的である．

1946年，ペンシルバニア大学の**モークリ**と**エッカート**は，軍の資金援助を受けて弾道計算用の電子式計算機**ENIAC**（electronic numerical integrator and computer）を開発した．この計算機は，真空管をおよそ18000本使用した，重量が約30トンもある機械であった．プログラム制御方式を採用していたが，プログラムの設定はスイッチや配線の変更によって行う必要があった．したがって，ENIACは**プログラム固定内蔵方式**とよばれる．ENIACが登場するまでは，非常に複雑な計算が必要な弾道計算を行うために機械式の計算機を駆使する優秀な女性の計算者チームが組織されていた．この女性たちは，**コンピュータ**（計算者）とよばれていたが，これが今日のコンピュータという名の由来である．ENIACは，はじめて実用化された電子式計算機であろう．ただし，ENIACのほかにも，軍事用として開発されたため，その詳細が明らかになっていない電子式計算機（1943年に開発されたドイツの暗号解読機COLOSSUSなど）が存在することなどを考えると，「はじめて」という言葉を確信して使用することはできない．

1948年には，マンチェスター大学の**ウィリアムズ**らによって，プログラムをメモリに読み込んで実行することが可能なプログラム可変内蔵方式を採用した**SSEM**（small-scale experimental machine）が開発された．そして，1949年には，ケンブリッジ大学の**ウィルクス**によって，同様の方式を採用した実用機である**EDSAC**（electronic delay storage automatic computer）が開発された．

なお，単にプログラム内蔵方式といった場合には，プログラム可変内蔵方式を指すのが一般的である．1952年には，ENIACの開発者モークリとエッカートによって，大きなメモリを搭載して汎用性を高めた**EDVAC**（electronic discrete variable computer）が開発された．EDVACは，基本的にEDSACと似た仕様をしていたが，開発が遅れ，EDSACのほうが先に完成した．**図1.10**に，おもな電子式計算機の歴史を示す．

図1.10　電子式計算機の歴史

ENIACの完成を目前にした1944年頃から，有名な数学者**フォン・ノイマン**がモークリらの率いるENIACプロジェクトにかかわり始めた．そして，EDVACの開発が進んでいる頃に，ノイマンは「EDVACに関する報告書」というEDVACの設計についてまとめた草稿を書いた．この草稿は，概念的な記述だけのものであり，著者名はノイマン単独となっていた．しかし，高名なノイマンのまとめた資料であることや，コンピュータの基本ともなる概念が記載されていたために大きな注目を集めた．このため，コンピュータの基本型は，**ノイマン型**とよばれるようになった．しかし，ノイマンは開発プロジェクトにおいて客員的な立場であったし，実質的な開発者だったモークリとエッカートの名前が無視されていることなどから，ノイマン型というよび方に意義を唱える研究者も少なくない．

論理素子は，EDVACくらいまでの時期（第1世代，1942～1954年）に使われた真空管に続

いて，トランジスタ（第2世代，1955〜1964年），IC（第3世代，1964〜1974年），VLSI（第4世代，1974年以降）と高性能化している．しかし，現在のコンピュータの大半は，第1世代に考案されたノイマン型の構成を基本としている．ノイマン型コンピュータについての詳細は，第2章で学ぶ．

さて，「世界最初のコンピュータは？」と問われたときには，どの計算機をあげればよいのだろうか．この問いでは，コンピュータという用語をいかに定義するかによって考え方が異なる．

たとえば，世界初の電子式計算機と定義すればABCマシンが該当するであろうし，世界初のプログラム制御方式，または実用化された電子式計算機と定義すればENIAC，世界初のプログラム可変内蔵方式と定義すればSSEMということになる．したがって，明確な定義なしに，「世界最初のコンピュータは？」という問いを発することはナンセンスかもしれない（図1.11）．

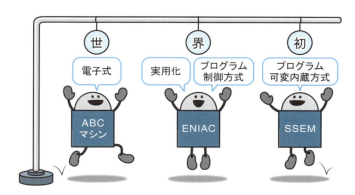

図1.11 世界最初のコンピュータは？

また，コンピュータはいろいろな技術の集大成である．これらの技術は，すべてが同一の研究者によって開発されたものであるはずはない．新しい技術は，先人の積み上げてきた技術の上に成り立つものである．このような観点からも，コンピュータの発明者を特定することが適切かどうかは疑問である．

一方で，一般には，これまで多くの書籍などで世界最初のコンピュータはENIACであるとされてきた．これは，暗黙であったとしても「実用化された最初の電子式計算機」という前提があったのだろう．しかし，1967年に始まった裁判によってENIACの特許は無効，コンピュータの基本特許はABCマシンにある，との判決（1973年）が下された．これは，モークリが1941年にアタナソフを訪問し，開発中のABCマシンを見学した事実などを理由になされた裁定である．モークリらは，ノイマンの草稿に続いて，この判決でも大きな精神的ショックを受けることになった．これらの経緯は，複雑な人間ドラマの様相を呈しており，コンピュータ開発史として興味深いが，詳細は参考文献6〜10を参照されたい．ただし，文献によっては，著者の思いが強く込められた記述になっているものがあるので注意が必要である．

1.2.4 日本における計算機の歴史

日本では，電子式計算機以前においては，**計算尺**と**機械式卓上計算機**が広く普及していた．とくに，計算尺は，安価だったため多くの技術者の必携ツールであった（図1.12）．計算尺のルー

1.2 コンピュータの歴史　7

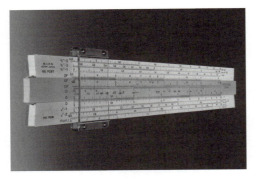

図1.12 計算尺の外観例
[写真提供：ヘンミ計算尺株式会社]

図1.13 手回し式計算機（タイガー計算機）の外観例
[写真提供：株式会社タイガー]

ツは1620年にイギリスのガンターが考案した**ガンター尺**であるが，これが発展して1894年頃に日本へ伝わった．計算尺とは，対数の性質を利用して，スライド式の目盛りを組み合わせることによって各種の計算が行える優れた計算道具である．**逸見治郎**は，この計算尺を改良し，竹の合板を使って精度を大きく向上させた．彼の作った計算尺は，1912年に特許を取得し，ヘンミ計算尺として，日本のみならず，世界中の技術者たちに愛用された．ちなみに，日本では，1970年代まで中学校の数学で計算尺の使用法が教えられていた．

機械式卓上計算機においては，**大木寅治郎**が1923年に彼の名にちなんだ手回し式のタイガー計算機を製造し，大成功を収めた．図1.13に，**手回し式計算機**の外観例を示す．

電子式計算機としては，1964年にシャープが世界初のオールトランジスタの卓上計算機CS-10Aを発表している．

これらの歴史を顧みると，日本人の仕事には実用化に向けた成果が多いように見受けられる．しかし，1971年にインテル社が開発した世界初の**マイクロプロセッサi4004**には，嶋正利が大きくかかわっていたことは特筆すべきであろう．i4004の登場によって，高性能で汎用性の高い小型コンピュータの実現が可能になり，コンピュータ時代の幕が開かれたのである．図1.14に，日本におけるおもな計算機の歴史を示す．

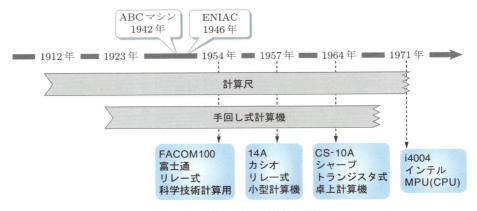

図1.14 日本における計算機の歴史

8　第1章　コンピュータの発展

1.3　コンピュータの分類

用途によってさまざまなコンピュータが開発されている．ここでは，コンピュータの分類例を見てみよう．

（1）マイコン

電気製品や自動車などの制御対象内部に組み込まれる**マイクロコンピュータ**（micro computer）の略称である．CPU やメモリ，各種周辺回路を同一チップの中に収め，動作速度や拡張性よりも小型化を重視して設計されることが多い．図 1.15 に，外観例を示す．

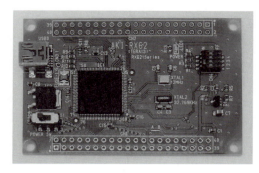

図 1.15　マイコンの外観例

（2）パソコン

価格や汎用性を重視した**パーソナルコンピュータ**（personal computer）の略称である．ノート型やデスクトップ型などが市販されている．

（3）タブレット（tablet）

ノート状の筐体に，コンピュータとして必要な機能をまとめたコンピュータである．タッチパネルディスプレイを備えおり，操作が容易である．図 1.16 に，外観例を示す．

（4）ワークステーション（workstation）

外観はパソコンと似ているが，パソコンよりも高性能で信頼性の高い常時稼働型のコンピュータである．図 1.17 に，外観例を示す．

図 1.16　タブレットの外観例

図 1.17　ワークステーションの外観例
［写真提供：株式会社日本 HP］

（5）メインフレーム（mainframe）

事務処理計算や科学技術計算に対応できる，高速な大型コンピュータである．コンピュータシステムの小型化，分散化（p.127）への移行でワークステーションなどに置き換えられているが，銀行などの基幹業務用などに使用されている．

（6）スーパーコンピュータ（supercomputer）

主として，科学技術計算を高速で処理するコンピュータである．高速化技術など，最新の技術を駆使した設計がなされている．図 1.18 に，外観例を示す．

図 1.18　スーパーコンピュータの外観例
（国立天文台に導入されたクレイ社のアテルイⅡ）
［写真提供：国立天文台］

1.4　情報化社会

コンピュータは，必要不可欠なツールとして現代社会で広く活用されている．また，通信技術の発展とともに，多くのコンピュータがネットワークで接続されるようになった．このことから，現代社会は，コンピュータやネットワークに支えられて成り立っている**情報化社会**（information society）であるともいえる．

また，ネットワークを用いて，多くのモノどうしを接続し，互いの機能を活用することなどで，いろいろな知識や情報を共有する **IoT**（internet of things）の技術も進んでいる．さらに，コンピュータを用いた**人工知能**（**AI**：artificial intelligence）技術の発展も著しい．これらの技術を活用することで，さまざまな問題を解決し，人々がより平等かつ，ゆたかに生活できる社会の実現が期待されている．

📝 演習問題

1-1　コンピュータアーキテクチャとは，どのように定義された用語か説明しなさい．
1-2　トレードオフとは，どのような意味か説明しなさい．
1-3　コンピュータアーキテクチャにおけるトレードオフの要因としての実例を三つあげなさい．
1-4　ソフトウェアとハードウェアのトレードオフが生じる例を説明しなさい．
1-5　階差法のすぐれている点を説明しなさい．
1-6　バベッジが，コンピュータの父とよばれることがあるのは，どのような理由によるものか説明し

なさい.

1-7 次の計算機の特徴を簡単に説明しなさい.

　　① ABC マシン　　② ENIAC　　③ EDSAC

1-8 コンピュータのある方式がノイマン型とよばれる理由を説明しなさい.

1-9 1960 年代の日本において，使用されていた計算する道具や計算機について説明しなさい.

1-10 マイコンとパソコンの特徴を比較して説明しなさい.

1-11 マイクロプロセッサ i4004 の登場によって，コンピュータ開発はどのような影響を受けたか説明しなさい.

2 ノイマン型コンピュータ

ねらい この章では，ノイマン型とよばれるコンピュータの特徴を理解しよう．そして，CPU がどのように発展してきたのかを学び，CPU の基本構成やコンピュータの動作原理などについて理解しよう．

2.1 ノイマン型コンピュータの基本構成

コンピュータの多くは，ノイマン型とよばれる方式を採用している．「**ノイマン型**」という名称の使用については，賛否両論あるが（p.6 参照），現実には定着している名称であることから，本書でもそれに従うものとする．

2.1.1 ノイマン型コンピュータの特徴

ノイマン型コンピュータの特徴をまとめると，次のようになる．

（1）プログラム可変内蔵方式

プログラムを内部のメモリに記憶させることで，プログラムの入力や変更が簡単に行える．**プログラム記憶方式**ともいう．

（2）逐次処理方式

命令は，原則として実行順にメモリに格納されており，この命令を順次取り出しながら処理を進める．また，取り出す命令のアドレスは，プログラムカウンタによって指示する．

（3）単一メモリ方式

プログラムとデータは，同じメモリ内に格納され，メモリにはアドレスが割り振られている．また，一時的なデータ格納領域として，高速に動作する小容量メモリであるレジスタ（置数器）を備えている．レジスタとメモリ間のデータ転送は，プログラムで指示できるため，メモリの効果的な利用が可能となる．

2.1.2 基本構成

図 2.1 に，ノイマン型コンピュータの基本構成を示す．各装置の働きは次のとおりである．

（1）演算装置（arithmetic unit）

データの算術演算や論理演算を行う装置である．

（2）制御装置（control unit）

すべての装置をコントロールする装置である．一般的には，演算装置と制御装置を超大規模集積回路（VLSI：very large scale IC）として構成し，**中央処理装置**（**CPU**：central processing unit）ということが多い．CPU は，**MPU**（micro processor unit）ともよばれる．

（3）記憶装置（memory unit）

データやプログラムを記憶しておく装置である．CPU や入出力装置とデータのやり取りを高

12　第2章　ノイマン型コンピュータ

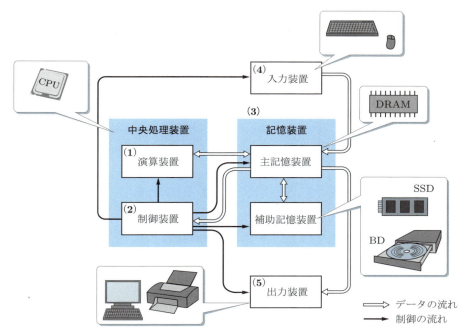

図 2.1　ノイマン型コンピュータの基本構成

速に行う**主記憶装置**（main memory unit）と，大量のデータを長期間記憶しておく**補助記憶装置**（auxiliary memory unit）がある．主記憶装置は IC メモリ（DRAM）が主流であり，補助記憶装置には SSD（solid state drive）や BD（blu-ray disc）などが使われている．

（4）入力装置（input unit）

プログラムやデータを主記憶装置に入力する装置である．キーボードやマウス，イメージスキャナなどがある．

（5）出力装置（output unit）

コンピュータが処理したデータを出力する装置である．ディスプレイやプリンタなどがある．

補助記憶装置や入力装置，出力装置は，**周辺装置**（peripheral equipment）ともよばれる．

2.1.3　CPU の発展

世界で最初に開発された **CPU** は，インテル社が 1971 年に開発した i4004 である（図 2.2）．i4004 は，およそ 2300 個のトランジスタを集積しており，一度に 4 ビットのデータを処理できる CPU であった．

CPU が開発される前は，用途ごとに異なる IC を設計，製作する必要があり，そのためには膨大な時間と経費を要した．しかし，CPU を使えば，用途に合わせたプログラムを用意すればよく，どのような処理にも柔軟に対応できるようになったのである．インテル社は i4004 の成功を背景に 1974 年に 8 ビットの 8080 を発表し，少し遅れてモトローラ社が 8 ビットの 6800 を発表した（表 2.1）．この 2 製品は，CPU の存在価値を不動のものとした．さらに，1976 年，ザイロ

表 2.1 CPU の発展（プロセスルール以下は，概数を示す）

年代	1971	1974	1976	1978	1985
型番	4004	8080 6800	8085 Z80	8086	80386
処理量 ［ビット］	4	8	8	16	32
プロセスルール 素子数［個］	10 μm 2300	6 μm 8500	3 μm 1万	3 μm 3万	1 μm 28万
クロック	100 kHz	1 MHz	5 MHz	10 MHz	20 MHz
メモリ空間 ［バイト］	4.5 K	64 K	64 K	16 M	4 G

年代	1993	2000	2010	2018
型番	Pentium PowerPC	Pentium4	core i7-980X （6 コア）	core i9-9980XE （18 コア）
処理量 ［ビット］	32	32	64	64
プロセスルール 素子数［個］	0.8 μm 310万	180 nm 4200万	32 nm 11億7000万	14 nm
クロック	100 MHz	1 GHz	3 GHz	4.4 GHz
メモリ空間 ［バイト］	4 G	4 G	24 G	128 G

図 2.2　i4004 の外観

図 2.3　Z80 の外観

図 2.4　core i7 の外観

グ社が発表した Z80 は，8080 の流れを受けた高機能 CPU として広く普及した（図 2.3）．また，2000 年に発表されたインテル社の Pentium4 は，2003 年にはクロック周波数（動作速度）が 3 GHz を超える製品に改良されている．

　その後も CPU は，コンピュータの頭脳ともいえる中心的な装置として発展を続けている．CPU 内の配線のサイズを示す**プロセスルール**（process rule）の微細化が進み，集積度が高まっている．また，**コア**（core）とよばれる主要機能を複数内蔵した CPU も普及している（図 2.4）．

　Z80 や 8085 は，汎用の CPU として**組込み**（embedded）用マイコンやパソコンなど多くの用途に使用された．しかし，その後は CPU の発展にともなって，各用途に適した CPU が開発されるようになっている．たとえば，ルネサスエレクトロニクス社の RX は組込みマイコン，Pentium や PowerPC はパソコン，Xeon（ジーオン）はワークステーション向けに開発された CPU である．

　また，CPU は，**シングルチップ型**と**マルチチップ型**に大別できる（図 2.5）．シングルチップ型は，組込み用マイコンに適するように CPU，メモリ，インタフェース，各種周辺装置（A-D 変換器など）の機能を一つのチップ内に構成している．一方，マルチチップ型は，各機能を個別

14　第 2 章　ノイマン型コンピュータ

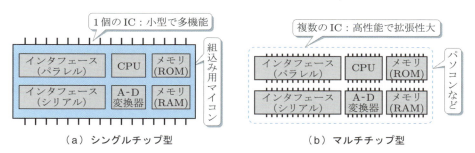

図 2.5　シングルチップ型とマルチチップ型

のチップで構成している．たとえば，RX はシングルチップ型，Pentium はマルチチップ型のCPU である．

2.1.4　CPU の構成

CPU は，演算装置と制御装置から構成されている（図 2.1）．ここでは，各装置について解説する．

（1）演算装置

演算装置は，図 2.6 に示すように，算術論理演算装置（ALU：arithmetic and logic unit）と汎用レジスタ（GR：general register），フラグレジスタ（FR：flag register）から構成される．

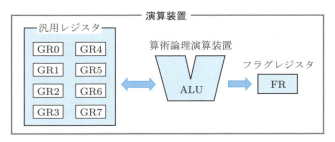

図 2.6　演算装置の構成

- **算術論理演算装置 ALU**：算術演算や論理演算を行う演算回路である．

- **汎用レジスタ GR**：高速に動作する小容量メモリであり，データを一時的に記憶し，ALU やメインメモリ（主記憶装置）などと連携しながら処理を効率的に進めていく働きをする．また，演算処理に使用する**累算器**（アキュムレータ）とよばれる特別なレジスタや，アドレッシングに使用する指標（インデックス）レジスタなどは，汎用レジスタを流用できることも多いが，これらの専用レジスタを別に備えている CPU もある．汎用レジスタの個数や記憶できるデータ長（ビット数）は，CPU によって異なる．たとえば，情報処理技術者試験用に想定されたコンピュータ COMET II では，データ長 16 ビットの汎用レジスタを 8 個（GR0 〜 GR7）もち，GR1 〜 GR7 を指標レジスタとして使用することができる．

■ フラグレジスタ FR：ALU が処理した結果に基づいた動作を行う．たとえば，COMET II では，図 2.7 に示す 3 ビット（OF，SF，ZF）のフラグレジスタが用意されており，演算命令の実行などによって各ビットを 0 または 1 に設定する（図 2.8）．

条件分岐命令は，現在のフラグレジスタの状態によって次の分岐先（実行命令）を決める．表 2.2 に，COMET II の条件分岐命令とフラグレジスタとの関係を示す．

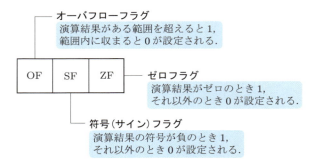

図 2.7　フラグレジスタの例（COMET II）

図 2.8　フラグレジスタの動作例

表 2.2　条件分岐命令とフラグレジスタ FR（COMET II）

分岐命令（条件）	分岐するときの FR の値		
	OF（オーバフロー）	SF（符号）	ZF（ゼロ）
JPL（正）	―	0	0
JMI（負）	―	1	―
JNZ（非ゼロ）	―	―	0
JZE（ゼロ）	―	―	1
JOV（オーバフロー）	1	―	―

（2）制御装置

制御装置は，図 2.9 に示すように，プログラムカウンタ（PC：program counter）と命令レジスタ（IR：instruction register），デコーダ（DEC：decoder，復号器）から構成される．

■ プログラムカウンタ PC：次に実行する命令が格納されているメモリのアドレスを記憶しているレジスタであり，プログラムレジスタ（PR）とよばれることもある．通常は，命令を実行するたびにカウントアップしていくが，分岐命令などを実行した場合には，分岐先命令の格納されているアドレスを記憶する．

16　第 2 章　ノイマン型コンピュータ

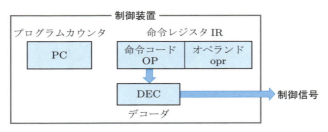

図 2.9 制御装置の構成

- **命令レジスタ IR**：メモリから取り出された命令を一時的に記憶するレジスタであり，命令コードとオペランドからなる（p.25）．

- **デコーダ DEC**：命令レジスタに記憶されている命令を復号（解読）して，実行に必要な**制御信号**（デコード情報）を出力する．

2.2 ノイマン型コンピュータの基本動作

2.2.1 命令実行の流れ

　ノイマン型コンピュータは，メモリに格納されている命令を一つ取り出して解読した後に実行する，という動作を繰り返して処理（逐次処理）を進める．図 2.10 に，一つの命令が実行される流れを示す．図 2.10 において，**命令の取出し**（fetch）と**命令の解読**（decode）を行うステップを合わせて命令取出し段階，**命令の実行**（execution）を行うステップを命令実行段階とよぶ．また，一つの命令が実行されるまでの一連の流れを**命令実行サイクル**という．

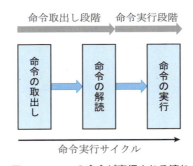

図 2.10 一つの命令が実行される流れ

2.2.2 基本動作

　ここでは，ノイマン型コンピュータが命令を実行するまでの基本動作を具体的に見てみよう．図 2.11 に，基本動作の流れを示す．**アドレスバス**（address bus）と**データバス**（data bus）は，アドレス情報またはデータの通路である．また，主記憶装置にある**メモリアドレスレジスタ MAR** は，アドレスを指定するために必要となるレジスタである．

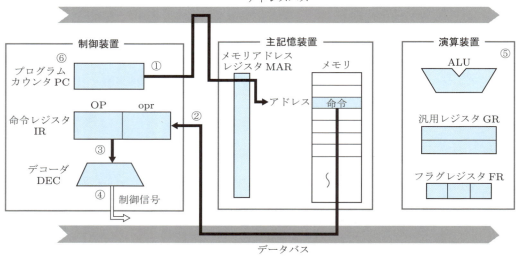

図 2.11　基本動作の流れ

■ 基本動作

① プログラムカウンタ PC に格納されているアドレスを主記憶装置のメモリアドレスレジスタ MAR に送る．
② 指定されたアドレスに格納されている命令を命令レジスタ IR に取り出す．
③ 命令レジスタにある命令をデコーダ DEC に送り，解読する．
④ 命令の実行に必要な制御信号を出力する．
⑤ 制御信号によって，演算や転送などの処理を実行する．
⑥ 次に実行する命令の格納されているアドレスを，プログラムカウンタ PC にセットする．

このうち，手順①～③が命令取出し段階，手順④～⑥が命令実行段階である．複数の命令を実行する場合は，手順①～⑥を繰り返して，逐次実行する．

次に，加算命令 ADD を例にして，動作の流れを考えてみよう．図 2.12 に，加算命令 ADD の書式を示す．この命令は，汎用レジスタ r の記憶しているデータとメインメモリのアドレス A 番地に格納されているデータを算術加算した結果を，新たなデータとして汎用レジスタ r に格納するものとする．

図 2.12　加算命令 ADD の書式

図 2.13 に示す状態にあるコンピュータが，加算命令 ADD を実行するまでの動作を考えよう．図 2.14 に，実行の流れを示す．

■ 加算命令 ADD の実行

① プログラムカウンタ PC に格納されているアドレス（0054）をメモリアドレスレジスタ MAR に送る．

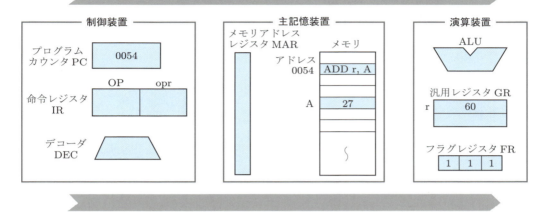

図 2.13　コンピュータの初期状態

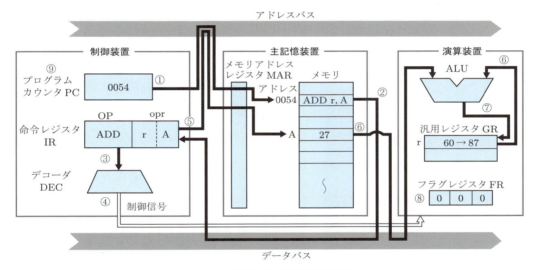

図 2.14　加算命令 ADD 実行の流れ

② 0054 番地に格納されている命令を命令レジスタ IR に取り出す．
③ 命令レジスタ IR の命令コード OP（ADD）をデコーダ DEC に送り，解読する．
④ 解読した情報に基づいて，命令の実行に必要な制御信号を演算回路へ送る．
⑤ オペランド 2 に書かれているアドレス（A 番地）をメモリアドレスレジスタ MAR へ送る．
⑥ A 番地に格納されているデータ（27）と，汎用レジスタ r に格納されているデータ（60）を ALU に送る．
⑦ ALU によって，算術加算されたデータ（87）を汎用レジスタ r へ送る．
⑧ 演算結果に基づいて，フラグレジスタ FR の設定を行う．
⑨ 次に実行する命令の格納されているアドレスをプログラムカウンタ PC に設定する．

2.2.3 サブルーチンの実行

プログラムを構造化したり，同じ処理を繰り返し実行したりする場合などには**サブルーチン**（subroutine）を使用することが多い．ここでは，サブルーチンを実行した場合のコンピュータの動作を考えよう．図2.15に，サブルーチンの実行例を示す．

メインルーチンに書かれたサブルーチン呼び出し命令CALLの実行によって，PCの値は8000となり，サブルーチンへ制御が移る．サブルーチンは，復帰命令RTSによってメインルーチンへ復帰する．図2.15の場合，CALL命令が1バイトであるとすれば，戻りアドレスは0011番地となるが，復帰のためにはこの戻りアドレスをどこかに保持しておく必要がある．このための保持領域を，**スタック**（stack）といい，たとえば，メインメモリの適当な場所を使用する．

スタックのアドレスを示すレジスタを**スタックポインタ SP**という．スタックは，図2.16に示すように，データをメモリの下方の領域から順に積み上げるように格納していく．そしてデータを取り出す際には，格納時とは逆の順序でメモリの上方から順に行う．これを，**先入れ後出し**（FILO：first in last out）**方式**という．したがって，SPはデータを格納するたびに小さいアドレスを指し，データを取り出すたびに大きなアドレスを指すように変化する．

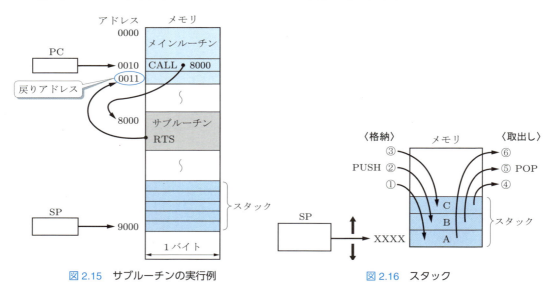

図2.15　サブルーチンの実行例　　　　図2.16　スタック

サブルーチンでは，呼び出し命令の実行によって戻りアドレスが自動的にスタックへ格納され，復帰命令の実行でPCへ取り出される．サブルーチンから，さらにほかのサブルーチンを呼び出す場合（**サブルーチンのネスト**（nest）という）には，複数の戻りアドレスがスタックへ順次格納される．

また，サブルーチン実行前の各種レジスタのデータを保持したい場合にも，データの待避領域としてスタックを使用することができる．この場合には，たとえば，スタックへのデータ格納命令**PUSH**や取出し命令**POP**を実行する．

図2.15には，メインメモリの適当な場所にスタックを割り当てる場合を示したが，CPUによってはスタック専用メモリを備えている場合もある．

2.2.4　フォン・ノイマンのボトルネック

ノイマン型コンピュータでは同じメモリに命令（プログラム）とデータが共存している．図 2.14 の例では，同じメモリに 0054 番地の命令（ADD r,A）と A 番地のデータ（27）が共存している．メモリと CPU（演算装置，制御装置）は，図 2.17 に示すようにバス（bus）とよばれる転送路を通じて命令やデータの転送を行っているが，メモリからの命令の取出しや，CPU とメモリ間のデータ転送がバスの使用権をめぐって競合（衝突）してしまうことが避けられない．これは，**フォン・ノイマンのボトルネック**（von Neumann bottleneck）とよばれ，コンピュータ全体の性能に関わる問題となっている．

なお，**CPU バス**は，アドレスバス，データバス，コントロールバスの 3 系統からなる．

図 2.17　フォン・ノイマンのボトルネック

2.2.5　パソコン用 CPU の構成と動作

これまで CPU の基本構成と動作について説明したが，ここではパソコンに搭載されている高性能 CPU の概要を見てみよう．図 2.18 に，パソコン用 CPU の構成例を示す．

① 命令用 1 次キャッシュメモリ
② データ用 1 次キャッシュメモリ
これらのキャッシュメモリは，命令レジスタとして機能する高速なメモリである（キャッシュメモリについては，第 8 章で学ぶ）．

③ 2 次キャッシュメモリ
主記憶装置（メインメモリ）のデータを高速に得るための装置であり，CPU 内部に内蔵されていることが多い．

④⑤ TLB（translation look-aside buffer）
仮想メモリ（第 8 章で学ぶ）を効率的に使用するためのアドレス変換バッファであり，命令用とデータ用が備わっている．

⑥ BTB（branch target buffer），BHT（branch history buffer）
分岐命令に対する予測分岐を行うのに使用されるバッファである．

⑦⑧ 演算用スケジューラ
デコーダで解読された命令は，命令制御装置によって制御される．スケジューラは，命令の実行順序を決める．

⑨ AGU（address generation unit）
アドレッシングを行う装置である．

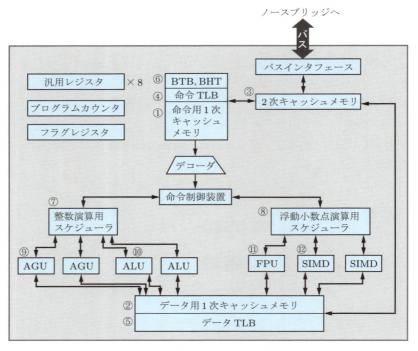

図 2.18 パソコン用 CPU の構成例

⑩ **ALU**（arithmetic and logic unit）
算術論理演算装置である．
⑪ **FPU**（floating point unit）
浮動小数点の演算を行う装置である．
⑫ **SIMD**（single instruction multiple data）
一つの命令を複数のデータに対応させる装置である．

図 2.18 に示した CPU では，演算回路を 5 個（⑩⑪⑫）もつため，最大 5 個の命令を同時に処理することが可能である．

パソコンは多くの機能を有しており，各機能間を接続するバスを通るデータは，**チップセット**（chip set）とよばれるいくつかの LSI によって制御されている．図 2.19 にパソコンの構成例を示すが，この図を地図と考えて，CPU に近い北（上側）に位置するとくに高速な制御を行うチップセットを**ノースブリッジ**（north bridge），南（下側）に位置するチップセットを**サウスブリッジ**（south bridge）とよぶ．チップセットは，CPU と同様にパソコンの性能を大きく左右する LSI である．また，ノースブリッジとサウスブリッジを統合して一つのチップにした機種もある．

メモリの主流となっている **DRAM**（dynamic RAM）は，CPU から直接アクセスすることができないことが多いので，CPU とメモリのデータ転送もチップセットを経由して行われる．この際の転送路となる CPU バスの転送速度は，CPU の動作速度よりも遅いのが一般的である．たとえば，CPU の動作クロック周波数が 3 GHz であるパソコンであっても，CPU バスの動作周波数（バスクロック）は 1 GHz 程度である．CPU バスは，**システムバス**ともよばれる．

主要な機能を納めた**マザーボード**（motherboard）とよばれる基板の外観例を図 2.20 に示す．

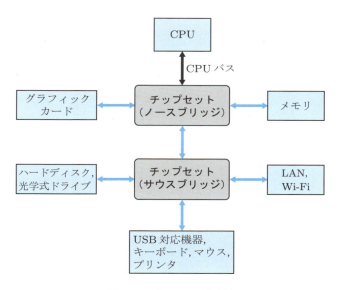

図 2.19　パソコンの構成例

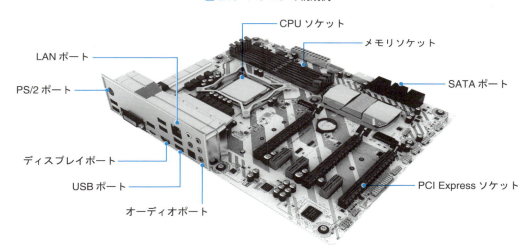

図 2.20　マザーボードの外観例

演習問題

2-1　ノイマン型コンピュータの特徴をあげて説明しなさい．

2-2　CPU の登場は，コンピュータのハードウェア設計にどのような変化をもたらしたのか説明しなさい．

2-3　次の用語について説明しなさい．
　　① ALU　　② レジスタ　　③ アキュムレータ

2-4　フラグレジスタは，どのように動作するか説明しなさい．

2-5　命令実行サイクルについて説明しなさい．

2-6　ノイマン型コンピュータが，図 2.21 に示す状態であるときに，転送命令 LD を実行した場合の動作を説明しなさい．ただし，転送命令 [LD r , A] は，アドレス A 番地に格納されているデータを汎用レジスタ r へ転送するものとする．

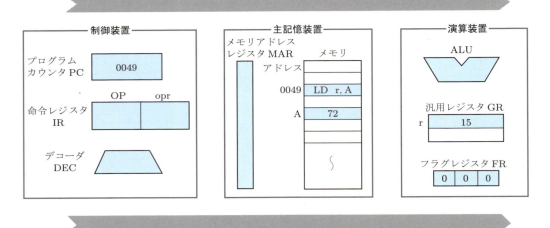

図 2.21　コンピュータの状態

2-7　スタックにおける FILO 方式について説明しなさい．
2-8　フォン・ノイマンのボトルネックとはどのようなことか説明しなさい．
2-9　パソコンでは，チップセットの選定がコンピュータの性能に大きく影響する．チップセットとは何か説明しなさい．

3 命令セットアーキテクチャ

ねらい この章では，CPU のもつ命令の基本形式やオペランドの使い方による命令の分類について学ぼう．そして，CASL II の命令セットを概観しよう．また，各種アドレッシング方式についての特徴などを理解しよう．

3.1 命令

3.1.1 機械語命令

コンピュータに動作を直接的に指示するためには，**機械語命令**（machine instruction）を使用する必要がある．たとえ，C や Python のような高級言語で記述されたプログラムであっても，それをコンピュータで実行する場合には，機械語命令に翻訳することが必要となる．また，機械語命令は，CPU によって特有の種類があるため，すべてのコンピュータにおいて同じ機械語命令が使用できるとは限らない．

本来の機械語命令は 2 進数で表されるが，0 と 1 の羅列は人にとっては非常に扱いにくい．したがって，機械語命令を**ニーモニックコード**（mnemonic code）とよばれる記号に対応させて表すのが一般的である（図 3.1）．また，2 進数は 16 進数として表示することが多い．

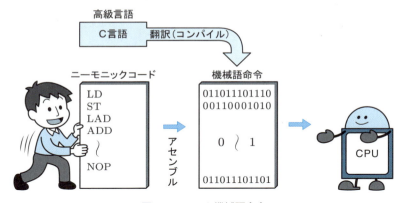

図 3.1 CPU と機械語命令

本来の機械語命令（2 進数）を人が直接扱うことはほとんどないため，慣例的には，ニーモニックコードのことを機械語命令とよぶ．また，機械語命令やニーモニックコードは，**機械語**（マシン語），**アセンブラ**（assembler）**言語**，単に命令ともよばれる．

3.1.2 命令の形式

命令の基本形式は，図 3.2 に示すように，操作方法を示す**命令コード**（OP：operation code）と操作対象のデータを示す**オペランド**（opr：operand）からなる．

たとえば，a + b の加算を行う場合には，命令コードに加算操作を行うための命令（+），オペランドに加算する数値データ（a, b）などを記述する．この場合，加算する数値データ 2 個

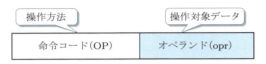

図 3.2　命令の基本形式

(a，b) と加算結果 (c) を格納する領域を指定することが必要となる．ここでは，オペランドに数値データを格納しているメモリ領域を示すアドレス（番地）を記述すると考えよう．すると，オペランドに記述するアドレスの数によって，命令を次のように分類できる．

(1) 3オペランド命令

　操作対象とするデータの格納元アドレスを示すオペランド2個と，操作後のデータを保存する格納先アドレスを示すオペランド1個をそのまま記述する命令である（図 3.3）．考え方は簡単だが，命令が長くなってしまう欠点がある．格納元を表すオペランドを**ソースオペランド**（source operand），格納先を表すオペランドを**デスティネーションオペランド**（destination oprand）という．

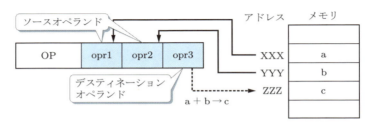

図 3.3　3オペランド命令

(2) 2オペランド命令

　3オペランド命令において，ソースオペランドのどちらか1個とデスティネーションオペランドを兼用する命令である（図 3.4）．使用するオペランドを1個節約できるが，操作後には兼用したソースオペランドにあったデータは上書きされるため消失する．

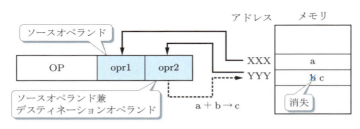

図 3.4　2オペランド命令

(3) 1オペランド命令

　アキュムレータ（Acc：accumulater，**累算器**）とよばれる特別な格納領域を使用する命令である．命令には1個のソースオペランドのみを記述し，ほかのソースオペランドとデスティネーションオペランドは兼用してアキュムレータ Acc を使用する（図 3.5）．

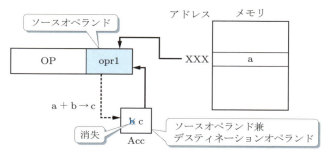

図 3.5　1 オペランド命令

（4）0 オペランド命令

スタック（図 2.16 参照）を使用する命令である．命令としては，命令コードのみを記述し，オペランドは記述しない．この方式の命令を実行すると，スタックからソースオペランドやデスティネーションオペランドのアドレスが順次取り出される（図 3.6）．

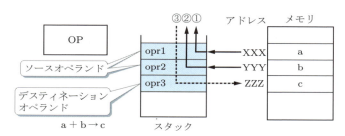

図 3.6　0 オペランド命令

（1）から（4）で説明した各種オペランド命令では，オペランドがメモリのアドレスを示す場合を考えた．このほかにも，オペランドに操作データを直接記述する（即値：immediate）命令や，高速に動作する小容量メモリである**レジスタ**（register）を指定する命令がある．たとえば，図 3.4 にはオペランドに 2 個のアドレスを指定する**アドレス・アドレス方式**の 2 オペランド命令を示したが，**即値・レジスタ方式**の 2 オペランド命令は図 3.7 に示すように動作する．

また，CPU によって，すべての命令の長さ（ビット数）が一定である**固定長命令方式**と，命令によってその長さが異なる**可変長命令方式**がある．固定長命令方式は，短い命令長を採用するためハードウェアを簡単化することができるが，複雑な処理を実行する場合には多くの命令を組み合わせて使用する必要が生じる．一方，可変長命令方式では，ハードウェアが複雑化してしま

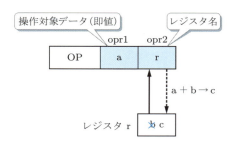

図 3.7　即値・レジスタ方式（2 オペランド命令）

3.1　命　令　27

うが，個々の命令で多くの動作を指定できる利点がある．

3.1.3 命令セット

CPU にどのような動作を行わせることができるかを知るためには，その CPU が備えているすべての命令を調べればよい．CPU の備えているすべての命令の集まりを**命令セット**（instruction set）という．

例として，表 3.1 に，経済産業省が実施する情報処理技術者試験用に想定されたコンピュータシステム COMET II で実行されるアセンブラ言語 CASL II の命令セット一覧を示す．

① ロード，ストア，ロードアドレス命令
　レジスタ・レジスタ間やレジスタ・メモリ間などでデータの移動を行う命令である．

② 算術，論理演算命令
　加減算などの算術演算や，AND，OR などの論理演算を行う命令である．

③ 比較演算命令
　2 個のデータの大小を比較し，その結果をフラグレジスタ FR に反映させる命令である（図 3.8）．

④ シフト演算命令
　レジスタにあるデータを，右または左方向に指定したビット数だけシフト（移動）する命令である．

⑤ 分岐命令
　フラグレジスタ FR の状態によって指定されたアドレスに格納されている命令を実行するかどうかを決める条件分岐命令と，FR の状態によらずに必ず分岐を行う無条件分岐命令がある．

⑥ スタック操作命令
　スタック領域にデータを格納する命令と，スタックからデータを取り出す命令がある．

⑦ コール，リターン命令
　サブルーチンの呼び出しと，サブルーチンからの復帰を行う命令である．

⑧ その他
　処理としては何もしないが，時間を費やす NOP 命令などがある．

図 3.8　比較演算命令のイメージ

表3.1 CASL Ⅱの命令セット一覧（命令コード）

①ロード，ストア，ロードアドレス命令

ロード　LoaD	LD
ストア　STore	ST
ロードアドレス　Load ADdress	LAD

②算術，論理演算命令

算術加算　ADD Arithmetic	ADDA
論理加算　ADD Logical	ADDL
算術減算　SUBtract Arithmetic	SUBA
論理減算　SUBtract Logical	SUBL
論理積　AND	AND
論理和　OR	OR
排他的論理和　eXclusive OR	XOR

③比較演算命令

算術比較　ComPare Arithmetic	CPA
論理比　ComPare Logical	CPL

④シフト演算命令

算術左シフト　Shift Left Arithmetic	SLA
算術右シフト　Shift Right Arithmetic	SRA
論理左シフト　Shift Left Logical	SLL
論理右シフト　Shift Right Logical	SRL

⑤分岐命令

正分岐　Jump on PLus	JPL
負分岐　Jump on MInus	JMI
非零分岐　Jump on Non Zero	JNZ
零分岐　Jump on ZEro	JZE
オーバーフロー分岐　Jump on OVerflow	JOV
無条件分岐　unconditional JUMP	JUMP

⑥スタック操作命令

プッシュ　PUSH	PUSH
ポップ　POP	POP

⑦コール，リターン命令

コール　CALL subroutine	CALL
リターン　RETurn from subroutine	RET

⑧その他

スーパーバイザコール　SuperVisor Call	SVC
ノーオペレーション　No OPeration	NOP

3.1.4　命令機能の評価

命令機能を評価するために，**平均命令実行サイクル数 CPI**（cycles per instruction）を考える．コンピュータ（CPU）は，**クロック**（clock）とよばれる信号に同期して動作している．CPI は，命令セット中の 1 命令を実行するために必要な平均のクロック数である．したがって，CPI の値が小さいほど，その命令セットの 1 命令の平均的な実行速度は高速であると考えられる．コンピュータのクロック信号の周期が T [s] であるとすれば，**1 命令の平均実行時間 TPI**（time per instruction）は，式 (3.1) で表すことができる（図 3.9）．

$$\text{TPI} = \text{CPI} \times T \ [\text{s}] \tag{3.1}$$

ここで，CPI は命令セットアーキテクチャに依存し，T はコンピュータのハードウェアに依存した値となる．

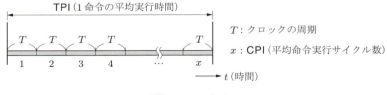

図 3.9　TPI と CPI

また，任意の処理を行う速度を評価基準とするならば，その処理を行うために要した命令数 n を用いて，式 (3.2) のように**処理時間** W を考えることができる．

$$W = \text{TPI} \times n = \text{CPI} \times T \times n \text{ [s]} \tag{3.2}$$

この式を用いれば，異なる命令セットをもつコンピュータを実行速度の観点から評価することができる．しかし，W は評価に用いる任意の処理の特徴に依存するので注意が必要である．

3.2 アドレッシング

3.2.1 アドレッシングとは

第 2 章で学んだように，コンピュータは，メモリに格納されているプログラムやデータを取り出しながら処理を進めていく．メモリには，図 3.10 に示すように格納領域ごとに**アドレス**（番地）とよばれる値が割り振られている．

したがって，命令のオペランドにアドレスを記述すれば，その値に対応するメモリの格納領域を特定できる．もっとも基本的なアドレスの表し方は，そのアドレスを直接（絶対）記述することである．たとえば，図 3.10 に示したように，アドレス値を「0002 番地」のように記述する．この表し方は，簡単ではあるが，実際のプログラムに使用すると効率がよくない場合がある．たとえば，図 3.11 に示すように，あるアドレスを起点にして，そこから連続したデータを取り出す場合などでは，起点となるアドレスに 1 を加算（減算）しながら相対的にアドレスを指定すると効率的な処理が行えることがある．

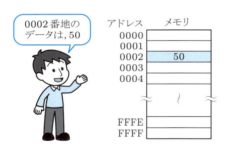
図 3.10　メモリとアドレスの例

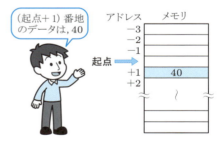
図 3.11　相対的なアドレスの指定例

このようなことから，コンピュータでは，各種のアドレスの指定法が用いられている．最終的に参照されるアドレスを**有効アドレス**（effective address）といい，有効アドレスを決めるための操作や，処理対象となるデータを決める操作を**アドレッシング**（addressing）または**アドレス修飾**（address modification）という（図 3.12）．

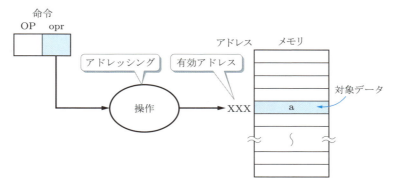

図 3.12　アドレッシング

3.2.2　各種のアドレッシング

ここでは，いくつかの代表的なアドレッシング方式について解説する．

（1）直接アドレッシング（direct addressing）

図 3.13 に示すように，命令のオペランドに記述した値が示すアドレスに格納されているデータを処理対象とする方式である．もっとも一般的なアドレッシングである．

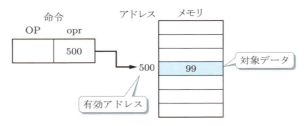

図 3.13　直接アドレッシングの例

（2）間接アドレッシング（indirect addressing）

図 3.14 に示すように，オペランドに記述した値で示されるアドレスに格納されている値を有効アドレスとする方式である．オペランドの記述をそのままにしておいても，はじめに参照したメモリの内容（図の例では 600）を書き換えることで処理対象とするデータを変更できる．この方式は，メモリを 2 回参照するために処理速度は遅くなる．

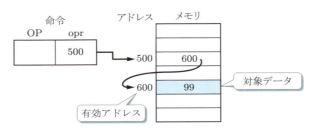

図 3.14　間接アドレッシングの例

（3）指標アドレッシング（index addressing）

図3.15に示すように，オペランドopr1で指定した**指標レジスタ**に格納されている値とopr2に記述した値を加算した結果を有効アドレスとする方式である．この方式では，指標レジスタの内容を1加算（減算）していけばメモリの連続した領域のデータを処理対象とすることができる．指標レジスタは，**インデックスレジスタ**ともよばれる．

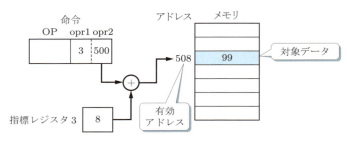

図3.15　指標アドレッシングの例

（4）相対アドレッシング（relative addressing）

図3.16に示すように，プログラムカウンタに格納されている値とオペランドに記述した値を加算した結果を有効アドレスとする方式である．プログラムカウンタには，現在実行中の命令のアドレスが格納されているため，実行位置からの相対的なアドレスを指定することができる．

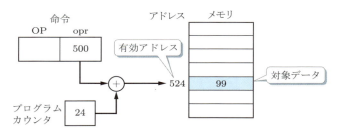

図3.16　相対アドレッシングの例

（5）基底アドレッシング（base addressing）

図3.17に示すように，**基底レジスタ**に格納されている値とオペランドに記述した値を加算した結果を有効アドレスとする方式である．基底レジスタには，プログラムの先頭アドレスが格納されており，この値はOSが管理している．この方式は，プログラムをメモリのほかの領域へ移動するのに使用できる．

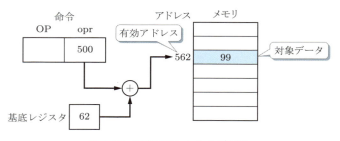

図3.17　基底アドレッシングの例

（6）即値アドレッシング（immediate addressing）

図 3.18 に示すように，オペランドに記述した値をそのまま処理対象データとする方式である．メモリを参照する必要がないので，データ格納領域を節約でき，高速な処理が可能となる．しかし，データが命令に埋め込まれてしまっているため，データの変更が容易ではない．

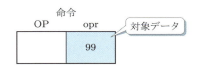

図 3.18　即値アドレッシングの例

演習問題

3-1　命令コードとオペランドについて説明しなさい．

3-2　2 オペランド命令と 3 オペランド命令を比較して，それぞれの長所・短所について説明しなさい．

3-3　固定長命令方式の特徴について説明しなさい．

3-4　命令セットとは何か説明しなさい．

3-5　具体的な CPU を一つ選んで，その命令セットの概要を調べなさい．

3-6　すべての命令を各々 2 クロックで実行するコンピュータがある．このコンピュータが，10 MHz で動作している場合の CPI と TPI を計算しなさい．

3-7　有効アドレスとは何か説明しなさい．

3-8　命令やメモリなどが図 3.19 に示すような状態になっていた場合，次のアドレッシング方式を用いた場合の対象データの値を答えなさい．図では，数値を 10 進数で示している．
　① 直接アドレッシング
　② 間接アドレッシング
　③ 相対アドレッシング
　④ 即値アドレッシング

3-9　図 3.19 において，プログラムカウンタ，基底レジスタに格納されているデータはそれぞれ何を表しているか説明しなさい．

3-10　間接アドレッシングの特徴について説明しなさい．

3-11　即値アドレッシングの特徴について説明しなさい．

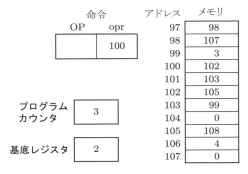

図 3.19　命令やメモリなどの状態

4 ハーバードアーキテクチャ

ねらい この章では，ハーバードアーキテクチャの特徴を理解し，ノイマン型との構成の違いを確認しよう．また，RISC と CISC の特徴について，RISC が提案された背景と合わせて説明できるように学習しよう．

4.1 ハーバードアーキテクチャの構成

4.1.1 ハーバードアーキテクチャの特徴

1943 年（ENIAC 完成の 3 年前），ハーバード大学の**ハワード・エイケン**が Mark-I とよばれるリレー式の計算機を開発した．この計算機は，Mark-IV まで改良が進んだが，電子式を取り入れなかったため高速な動作を実現することはできなかった．Mark-I の大きな特徴は，命令とデータを格納するメモリを個別に用意したことである．この構成は，**ハーバードアーキテクチャ**（Harvard architecture）とよばれている．ハーバードアーキテクチャは，命令用とデータ用のバスが分離しているので**フォン・ノイマンのボトルネック**を回避して高速な動作が実現できる反面，ハードウェア構成が複雑になってしまう欠点がある（図 4.1）．

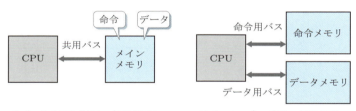

（a）ノイマン型アーキテクチャ　　（b）ハーバードアーキテクチャ

図 4.1　二つのメモリ構成法

ハーバードアーキテクチャを採用したコンピュータは，命令メモリとデータメモリを個別に備えていることから**非ノイマン型コンピュータ**とよばれる．しかし，プログラム（可変）内蔵方式や逐次処理などノイマン型コンピュータの基本的な特徴を備えていることから，広義な意味でノイマン型に分類されることもある．

また，現在のコンピュータの大半は，一つのメインメモリに命令とデータを共存させているが，高速化を実現するために，図 4.2 に示すように命令用キャッシュメモリとデータ用キャッシュメモリを別々に備えていることが多い．この場合，二つの**キャッシュメモリ**は CPU と同じ

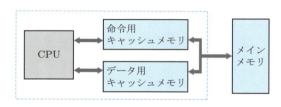

図 4.2　キャッシュメモリの分離

チップに内蔵されているのが一般的である（図2.18）．このような構成をハーバードアーキテクチャとよぶ場合もある．

4.1.2　ハーバードアーキテクチャの例

　命令用メモリとデータ用メモリを分離したハーバードアーキテクチャの具体例として，マイクロチップテクノロジー社の開発した制御用マイコン PIC（peripheral interface controller）のアーキテクチャを図4.3に示す．

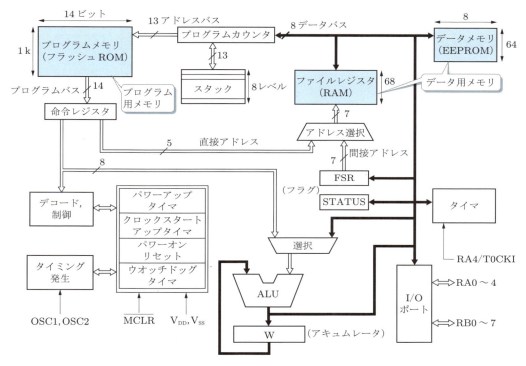

図4.3　PIC16F84Aのアーキテクチャ

　PIC16F84A（PIC16F648Aなどが上位互換）は，データ用メモリとして，データメモリ（EEPROM）とファイルレジスタ（RAM）を備えている．ファイルレジスタは，アドレスによって指定できる68個の記憶領域を有し，汎用レジスタとして使用することもできる．ここでは，ファイルレジスタのアドレスXX番地の内容をアキュムレータWに転送する命令［MOVF XX, 0］を実行した場合の動作を見てみよう．図4.4に，実行の流れを示す．

■ 転送命令実行の流れ

① プログラムカウンタの示すプログラムメモリ（命令用メモリ）のアドレスから命令を取り出して，命令レジスタに格納する．このとき，命令はプログラムバス（命令バス）によって転送される．

② デコーダで命令を解読する．また，ファイルレジスタのアドレスXX番地が選択される．

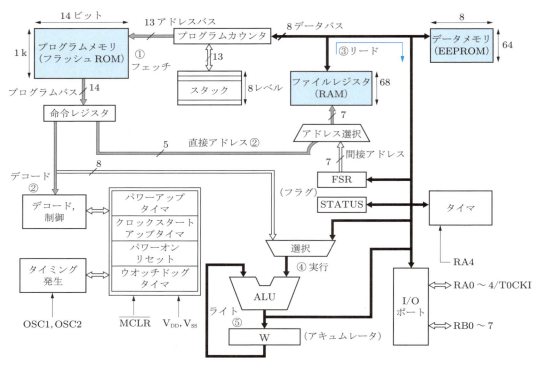

図 4.4　転送命令 [MOVF XX, 0] 実行の流れ

③ ファイルレジスタ XX 番地のデータを取り出す．このとき，データはデータバスによって転送される．
④ 取り出されたデータを算術論理演算装置 ALU に送る．
⑤ ALU は，データをアキュムレータ W に送る．

このように，個別に用意されたプログラムバス（命令バス）とデータバスを用いて，それぞれのバスによって命令とデータが転送される．ハーバードアーキテクチャでは，命令長をデータバスと揃える必要がないために，任意の命令長を採用することができる．

PIC は，図 4.3 に示したすべての機能を 1 個のチップに内蔵したシングルチップ型マイコンである．図 4.5 に PIC16F84A の外観例とピン配置，表 4.1 にピンの説明を示す．制御用組込みマイコンの具体例として参考にされたい．

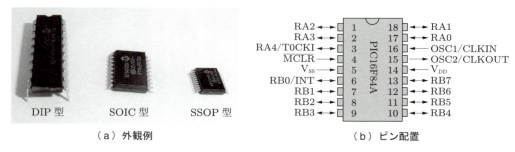

（a）外観例　　　　　　　　　　　　　　（b）ピン配置

図 4.5　PIC16F84A の外観例とピン配置

36　第 4 章　ハーバードアーキテクチャ

表 4.1 PIC16F84A のピン

ピン番号	名　称	説　明
1	RA2	双方向 I/O ポート（ポート A の 2 ビット目）
2	RA3	双方向 I/O ポート（ポート A の 3 ビット目）
3	RA4/T0CKI	双方向 I/O ポート（ポート A の 4 ビット目），タイマクロック入力
4	$\overline{\text{MCLR}}$	リセット
5	Vss	接地（電源のマイナス端子へ）
6	RB0/INT	双方向 I/O ポート（ポート B の 0 ビット目）
7	RB1	双方向 I/O ポート（ポート B の 1 ビット目）
8	RB2	双方向 I/O ポート（ポート B の 2 ビット目）
9	RB3	双方向 I/O ポート（ポート B の 3 ビット目）
10	RB4	双方向 I/O ポート（ポート B の 4 ビット目）
11	RB5	双方向 I/O ポート（ポート B の 5 ビット目）
12	RB6	双方向 I/O ポート（ポート B の 6 ビット目）
13	RB7	双方向 I/O ポート（ポート B の 7 ビット目）
14	V_{DD}	電源のプラス端子へ
15	OSC2/CLKOUT	クロック端子 2
16	OSC1/CLKIN	クロック端子 1
17	RA0	双方向 I/O ポート（ポート A の 0 ビット目）
18	RA1	双方向 I/O ポート（ポート A の 1 ビット目）

4.2　RISC と CISC

4.2.1　RISC とは

　コンピュータの歴史が幕を開けて以来，プログラム作成を簡単にし，かつプログラムサイズを小さくするために，命令セットは次第に複雑化しながら発展してきた．つまり，一つの命令によって高度な処理が行える命令が多数用意されるようになってきたのである．

　このような背景の中で，1980 年にパターソンらは，**縮小命令セットコンピュータ**（RISC：reduced instruction set computer）の概念を提案した．また，このときに，それまでの複雑な命令セットをもったコンピュータを**複雑命令セットコンピュータ**（CISC：complex instruction set computer）とよぶようになった．

　CISC では 1 命令で行える処理であっても，RISC では多くの命令を組み合わせなければ処理できない場合が生じる．この場合，CISC では命令の取出しが 1 回でよいために時間を節約することができるが，高度な処理を実行するためにハードウェアが複雑になる．一方，RISC では，命令の取出し回数は増えるものの，簡単なハードウェアによって処理を高速に実行することを目指す．簡単なハードウェアは，複雑なハードウェアに比べて，高速に動作させることが容易だからである．このように，RISC は単純な命令セットを用いることでコンピュータの構成を簡単化し，それにより高速化やハードウェア開発期間の短縮を実現しようとするものである．表 4.2 に，CISC と RISC の比較例を示す．

4.2　RISC と CISC　　37

表 4.2　CISC と RISC の比較例

項　目	CISC	RISC
命令数	多　い	少ない
命令長	可　変	固　定
命令実行のクロック数	可　変	固　定
制御方式	マイクロプログラム制御	布線論理制御
パイプライン処理など高速化手法の導入	困　難	容　易
ハードウェア開発期間	長　い	短　い

4.2.2　CISC，RISC の実例

ここでは，CISC としてルネサスエレクトロニクス社の開発した RX マイコン，RISC としてマイクロチップテクノロジー社の開発した PIC マイコンを例にあげて両者を比較してみよう．

（1）CISC の実例

組込み用シングルチップマイコンとして普及している RX マイコンシリーズの中から RX621 を取り上げる．図 4.6 に RX621 の外観，図 4.7 におもな機能を示す．

RX621 CPU は，表 4.3 に示す命令セット（命令数 90 個）を備えている．さらに，同じ命令でも扱うデータのサイズによって記述法が異なり，また，図 4.8 に示すような複数の命令形式があることなどから，実際には非常に多くの命令記述法がある．

■データ転送命令 MOV の記述例

MOV.B Rs, Rd	1 バイトデータのレジスタ間転送
MOV.W Rs, Rd	2 バイト（1 ワード）データのレジスタ間転送
MOV.L Rs, Rd	4 バイト（ロングワード）データのレジスタ間転送
MOV.W [Rs], [Rd]	2 バイト（1 ワード）データのメモリ間転送
MOV.L #SIMM:16, Rd	2 バイト即値データ（符号付き）をレジスタに転送

図 4.6　RX621 の外観

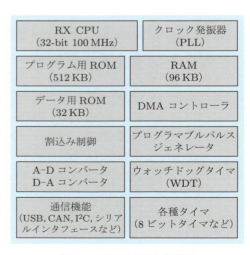

図 4.7　RX621 のおもな機能

表 4.3 RX621 CPU の命令セット

機能	命令
算術／論理演算命令	ABS, ADC, ADD, AND, CMP, DIV, DIVU, EMUL, EMULU, MAX, MIN, MUL, NEG, NOP, NOT, OR, RMPA, ROLC, RORC, ROTL, ROTR, SAT, SATR, SBB, SHAR, SHLL, SHLR, SUB, TST, XOR
浮動小数点演算命	FADD, FCMP, FDIV, FMUL, FSUB, FTOI, ITOF, ROUND
転送命令	MOV, MOVU, POP, POPC, POPM, PUSH, PUSHC, PUSHM, REVL, REVW, SCCnd, STNZ, STZ, XCHG
分岐命令	BCnd, BRA, BSR, JMP, JSR, RTS, RTSD
ビット操作命令	BCLR, BMcnd, BNOT, BSET, BTST
ストリング操作命令	SCMPU, SMOVB, SMOVF, SMOVU, SSTR, SUNTIL, SWHILE
システム操作命令	BRK, CLRPSW, INT, MVFC, MVTC, MVTIPL, RTE, RTFI, SETPSW, WAIT
DSP 機能命令	MACHI, MACLO, MULHI, MULLO, MVFACHI, MVFACMI, MVTACHI, MVTACLO, RACW

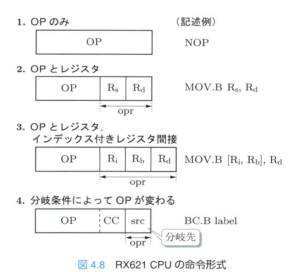

図 4.8　RX621 CPU の命令形式

　命令長は命令によって 1〜8 バイト，命令の実行に必要なクロック数も命令によって 1〜22 クロックと異なった数になる．また，8/16/32 ビットの転送命令などに加え，乗算命令（EMULU，EMUL），除算命令（DIVU，DIV），浮動小数点演算命令や DSP（digital signal processor）機能命令を備え，10 種類のアドレッシング方式が使用できるなどの特徴がある．

（2）RISC の実例

　PIC マイコン **PIC16F84A** は，命令用メモリとデータ用メモリを分離したハーバードアーキテクチャの具体例として，図 4.3 などで紹介した．ハーバードアーキテクチャが常に RISC とは限らないが，PIC は RISC として開発されており，表 4.4 に示す命令セットを備えている．命令数は，わずか 35 個である．

　すべての命令は，14 ビットで構成されており，図 4.9 に示す命令形式をもつ．また，データ長は 8 ビットである．そして，分岐命令を除くすべての命令は，4 クロックで実行される．

表 4.4 PIC16F84A の命令セット

命令の種類		命令
バイト対応命令（ファイルレジスタの全内容を対象とする）	転　送	MOVF, MOVWF, SWAPF
	算術演算	ADDWF, SUBWF, INCF, DECF
	論理演算	ANDWF, IORWF, COMF, XORWF
	ローテイト	RRF, RLF
	ジャンプ	INCFSZ, DECFSZ
	クリア	CLRF, CLRW
	特　殊	NOP
ビット対応命令（ファイルレジスタの指定ビットを対象とする）	ビット操作	BCF, BSF
	ジャンプ	BTFSC, BTFSS
リテラル（数値）対応命令と制御	転　送	MOVLW
	算術演算	ADDLW, SUBLW
	論理演算	ANDLW, IORLW, XORLW
	ジャンプ	CALL, GOTO, RETURN, RETLW, RETFIE
	クリア	CLRWDT
	制　御	SLEEP

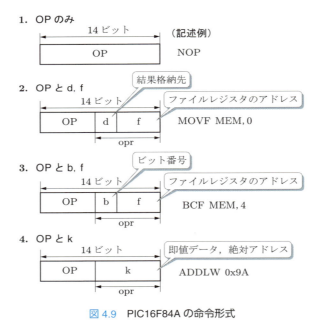

図 4.9　PIC16F84A の命令形式

PIC16F84A では，**パイプライン処理**を用いた高速化が図られているために，分岐命令を実行する場合には，再フェッチが必要になる場合があり，4 クロックまたは 8 クロックで動作する（これについては第 10 章で詳しく説明する）．

アドレッシングには，直接アドレッシングと間接アドレッシングの 2 種類があり，個々の命令の記述法は，RX621 CPU に比べると非常に単純化されている．また，RX621 CPU にある乗算命令や除算命令は備えていない．

機械語命令を用いたプログラム作成を学習する場合について考えてみよう．RISC は，命令数

が少なく，命令の使用法が単純であるために，命令セットの学習は CISC よりも容易であろう．しかし，たとえば乗除算演算などを行う場合，RISC では単純な命令を組み合わせて，乗除算アルゴリズムを実現する長いプログラムを記述しなければならない．一方，CISC では，複雑な命令セットの使い方を学べば，1 命令によって目的の処理を行える場合もある．このようなことからも，使用目的に合わせたコンピュータ（CPU）の選択が大切であり，RISC と CISC のどちらにもそれぞれの長所があることが理解できよう．

パソコン用 CPU の主流として発展してきた x86 系列（8086 から続くインテル社の CPU ファミリの総称）は CISC，IBM 社とアップル社などが開発した PowerPC は RISC を指向している．しかし，現在は CISC と RISC の双方の利点を取り入れた CPU が開発されることも多いため，明確に CISC と RISC を区別することが困難になってきている．たとえば，Pentium では，CISC 用命令を CPU 内部で RISC 用命令に変換してから実行している．

✎ 演習問題

4-1 次の記述は，ハーバードアーキテクチャに関するものである．（A）から（G）に適切な語句を入れなさい．

ハーバードアーキテクチャは，（A）と（B）を格納する（C）を個別に備えている．このため，（D）を回避して高速な動作が実現できる反面，（E）が複雑になってしまう欠点がある．また，（F）と（G）を別々に備えた構成をハーバードアーキテクチャとよぶ場合もある．

4-2 ハーバードアーキテクチャを非ノイマン型コンピュータに分類する理由を説明しなさい．

4-3 PIC マイコン PIC16F84A のアーキテクチャ（図 4.3）において，このマイコンがハーバードアーキテクチャを採用していることを説明しなさい．

4-4 PIC16F84A のプログラムバスとデータバスのサイズを答えなさい．また，これらのサイズが異なる理由について説明しなさい．

4-5 RISC が提案された背景とその目的を説明しなさい．

4-6 RX621 と PIC16F84A を次の点から比較しなさい．
　① 命令数
　② 命令長
　③ 命令実行のクロック数

4-7 CISC と RISC の命令セットを用いてプログラムを作成する場合，どのような違いが生じるか，例をあげて説明しなさい．

5 演算アーキテクチャ

ねらい この章では，各種のデータ表現方法の特徴について学ぼう．そして，固定小数点表示や浮動小数点表示の基本を学習しよう．また，ブースリコーディング（乗算）や，引き放し法（除算）のアルゴリズムなどを理解しよう．

5.1 データの表現方法

私たちの日常では 10 進数を用いた数値表現が一般的であるが，コンピュータ内部では 0 と 1 からなる 2 進表現のみを扱うことができる．したがって，10 進数を 2 進表現に対応付けるルールなどが必要となる．ここでは，コンピュータ内部における数値データや文字データの表現方法について解説する．

5.1.1 10 進数の表現

0 と 1 を用いて 10 進数を表現する方法には，2 進化 10 進数，3 増しコード，グレイコードなどがある．

（1）2 進化 10 進数

10 進数の 1 桁を 2 進で表現するためには，少なくとも 4 ビットが必要となる．2 進数 4 ビットでは，16 通り（$2^4 = 16$）のデータ表現が可能であるが，このうちの 10 通りのみを使用して，10 進数と対応付けた 2 進表現を **2 進化 10 進数**（BCD：binary coded decimal）という．表 5.1 に示す 8 ビットの BCD の対応例では，10 進数の 1 桁ごとに，BCD の 4 ビットを用意する必要がある．また，10 進数の桁上がり時，BCD では上位 4 ビット領域へ桁上がりすることに注意しよう．

表 5.1 10 進数と BCD（2 進化 10 進数）の対応

10 進数	BCD		10 進数	BCD	
0	0000	0000	10	0001	0000
1	0000	0001	11	0001	0001
2	0000	0010	12	0001	0010
3	0000	0011	13	0001	0011
4	0000	0100	14	0001	0100
5	0000	0101	15	0001	0101
6	0000	0110	16	0001	0110
7	0000	0111	17	0001	0111
8	0000	1000	⟨	⟨	⟨
9	0000	1001	99	1001	1001

たとえば，10 進数の 0 ～ 15 を 2 進数 4 ビットで表現する場合は，この 4 ビットで 10 進数の 2 桁のデータ（10 ～ 15）を扱う必要がある．しかし，BCD を用いれば，4 ビットで扱う 10 進数は 1 桁（0 ～ 9）だけとなるため，ディジタル回路を構成するのに便利な場合がある．BCD は，10 進数を 2 進表現にするもっとも基本的なコードであり，人も理解しやすい．

42　第 5 章　演算アーキテクチャ

また，たとえば 10 進数の小数を 2 進数で表現すると循環小数となり，切り捨てにより誤差を生じることがある（p.47）．このようなとき，BCD を用いれば，誤差のない扱いが可能となる．

例： 0.1　　 0.0001100　　 0000.0001
　　 10進数　　 2進数　　　　 BCD

（2）3増しコード

3増しコード（excess-3 code）は，表 5.2 に示すように BCD に 3 を加算したコードである．このコードでは，"0000" にデータの割り当てがないためにデータの 0（"0011"）とデータが存在しないことを区別することが容易となる．また，四捨五入を行う際に，3増しコード 4 ビットの最上位ビット（MSB：most significant bit）で判断できることも利点である．3増しコードは各ビットを NOT すると，対応する元の 10 進数の 9 の補数となる**自己補数化性**とよばれる性質がある．たとえば，10 進数の 2 に対する 9 の補数は 7 であるが，3増しコードでは，それぞれ "0101" と "1010" に対応する．補数については，p.44 で解説する．

表 5.2　3増しコードとグレイコード

10 進数	3増しコード	グレイコード
0	0011	0000
1	0100	0001
2	0101	0011
3	0110	0010
4	0111	0110
5	1000	0111
6	1001	0101
7	1010	0100
8	1011	1100
9	1100	1101

（3）グレイコード

グレイコード（gray code）は，表 5.2 に示すように 10 進数のデータが 1 だけ異なる場合に，対応するコードのビットが 1 箇所のみ異なる表現である．たとえば，10 進数の 2 と 3 に対応するグレイコードは，それぞれ "0011" と "0010" であり，最下位ビット（LSB：least significant bit）の 1 箇所のみが異なっている．

10 進数のアナログデータを 2 進表現のディジタルデータに変換する場合を考えてみよう．たとえば，アナログデータが 10 進数の 3 から 4 に変化する場合，2 進数を用いるとディジタルデータは "0011" から "0100" に変化することになる．この場合には，ディジタルデータの下位 3 ビットが変化している．この変化は，各ビットとも完全に同時に起こるとは限らないために，変化途中のデータ（0111，0101，0010 など）を取得した場合には，エラーを生じてしまう．一方，グレイコードを用いると，ディジタルデータは "0010" から "0110" に変化するが，1 ビットのみの変化であるため，変化途中の無関係なデータを取得することがなくなる．このため，グレイコードは **A-D 変換器**によく用いられる．

5.1　データの表現方法　　**43**

図 5.1 に，グレイコードの作成例を示す．また，2 進数を 1 ビット右シフトしてから，元の 2 進数との排他的論理和（EX-OR）演算を行うことでもグレイコードを作成できる．

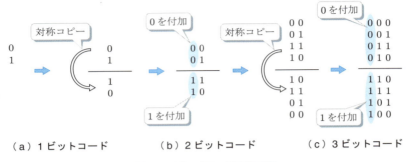

図 5.1　グレイコードの作成例

これまで，10 進数の 1 桁を 2 進表現の 4 ビットに対応付けするコードを解説したが，複数桁の 10 進数を並べて表す場合には，**アンパック**（unpack）**形式**と**パック**（pack）**形式**とよばれる方法がある．図 5.2 に，それぞれの形式を用いて 10 進数の 625 を表した例を示す．アンパック形式は，**ゾーン形式**ともよばれ，入出力の際に 0〜9 を文字コードとして表す際に用いられる．このため，アンパック形式で入力したデータをパック形式に変換して演算処理した後，再びアンパック形式に変換して出力する場合がある．

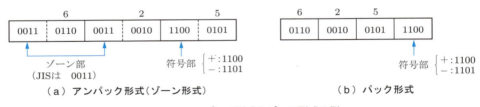

図 5.2　アンパック形式とパック形式の例

5.1.2　負の数の表現

コンピュータ内部では，0 と 1 のデータしか扱えない．このため，数値データの正負の符号についてルールを決めておく必要がある．ここでは，**符号と絶対値表現**，および，**補数**（complement）を用いた表現について解説する．

符号と絶対値表現では，MSB を符号ビットとし，残りのビットで数値を絶対値にしたデータを表す．表 5.3 に，-7〜$+7$ までの 10 進数を符号と絶対値表現で表した例を示す．この例では，MSB が 1 で負，0 で正を表しており，下位 3 ビットでデータの絶対値を表している．

このほか，2 の補数を用いて正負の 10 進数を表現する方法もある．n 進数では，$n-1$ の補数と n の補数を考えることができる．たとえば，2 進数では，各ビットを NOT することで 1 の補数を求めることができ，1 の補数に 1 を加算することで 2 の補数を求めることができる．表 5.4 に，-8〜$+7$ までの 10 進数を **2 の補数表現**で表した例を示す．この例では，正または負のデータの 2 の補数を求めることで符号が反転したデータとなる．また，MSB は，符号を判別するのに使用することもできる．

表5.3 符号と絶対値表現の例

10進数	2進表現	10進数	2進表現
－7	1111	＋0	0000
－6	1110	＋1	0001
－5	1101	＋2	0010
－4	1100	＋3	0011
－3	1011	＋4	0100
－2	1010	＋5	0101
－1	1001	＋6	0110
－0	1000	＋7	0111

表5.4 2の補数表現の例

10進数	2進表現	10進数	2進表現
－8	1000	0	0000
－7	1001	＋1	0001
－6	1010	＋2	0010
－5	1011	＋3	0011
－4	1100	＋4	0100
－3	1101	＋5	0101
－2	1110	＋6	0110
－1	1111	＋7	0111

5.1.3 実数の表現

　小数点を任意の位置に固定すると，実数を表現することができる．たとえば，図5.3の(a)のように小数点をLSBの右側に固定するとデータは**整数**となるが，図の(b)のようにMSB（符号ビット）の右側に固定するとデータは**純小数**（整数部をもたない実数）となる．また，図の(c)の位置に固定すると，整数部と小数部を併せもつ**実数**が表現できる．このように，小数点の位置をどこかに固定してデータを表す方法を**固定小数点**（fixed point number）表示という．2の補数を用いたnビットで表される整数の範囲は，式(5.1)のようになる．

$$-2^{n-1} \sim +2^{n-1}-1 \tag{5.1}$$

たとえば，$n=8$ビットの場合には，－128～＋127が表現範囲となる．

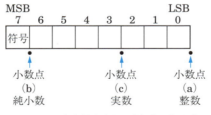

図5.3 固定小数点表示の例（8ビット）

　固定小数点表示よりも広い範囲のデータを表現するためには，**浮動小数点**（floating point number）表示が用いられる．たとえば，10進数の123は1.23×10^2，0.0123は1.23×10^{-2}と表すことができる．この例のように，整数部を0以外の1桁に調整するなどの処理を**正規化**

(normalize) という．浮動小数点表示では，正規化によって，無駄な0を削除し，図5.4に示すようにデータを指数部と仮数部に分けて表す．また，2進数を正規化すると整数部は必ず1になるため，この1を省略して1ビットを節約する方法を**けち表現**（economized representation）という（図5.5（a））．

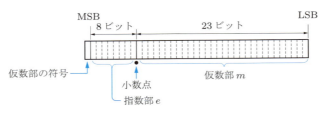

図5.4　浮動小数点表示の例（32ビット）

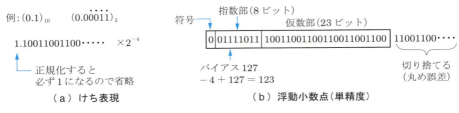

図5.5　丸め誤差の例

図5.4の例では，表される数値 R は，式（5.2）のようになる．

$$R = m \times 2^e \tag{5.2}$$

また，仮数部で表されるけち表現前のデータ m の範囲は，式（5.3）のようになる．

$$1 \leq |m| < 2 \quad \text{および} \quad m = 0 \tag{5.3}$$

8ビットの指数部では，$2^{-127} \sim 2^{+128}$ までの数値を表現できるが，指数に正数のみを使用するように127を加算して $2^0 \sim 2^{255}$ として表す．これを**げた履き表現**，または**バイアス表現**という（図5.5（b））．そして，2^0 と 2^{255} を，それぞれ0と非数（虚数や無限大）の表現に割り当てているために，げた履き表現を用いた場合の 2^e の範囲は，式（5.4）のようになる．

$$2^1 \leq 2^e \leq 2^{254} \tag{5.4}$$

この範囲は，式（5.5）に示す32ビットのすべてを整数部とする固定小数点で表される正の数値 N よりも格段に広い．

$$0 \leq N \leq 2^{32} - 1 \tag{5.5}$$

浮動小数点は，IBM方式などの独自規格もあるが，近年のパソコンなどではIEEE（米国電気電子学会）の標準規格が採用されることが多い．IEEEの標準規格では，符号ビットが仮数部の符号（0：正，1：負）を示す絶対値を用いた負数の表現が規定されている．

浮動小数点の4バイト（32ビット）長を**単精度**（single precision），8バイト（64ビット）長を**倍精度**（double precision），それ以上を**拡張倍精度**（double extended precision）という．

固定小数点，浮動小数点とも，表現できる数値の範囲は決まっている．扱う数値がこの範囲を超えることを**オーバーフロー**（overflow），数値の絶対値が小さすぎて表せなくなることを**アンダーフロー**（underflow）という．

また，10進数の小数の多くは，2進表現に変換した場合に循環小数となる．たとえば，10進数の 0.1 を 2 進数に変換すると 0.0001100110011… となる．これを有限の仮数部ビットで表すと，図 5.5（b）に示すように，どこかでデータを切り捨てることになる．このために生じる誤差を**丸め誤差**（rounding error）という．

5.1.4 文字データの表現

文字データをコンピュータで扱えるデータに対応させる規格には，次のようなコードがある．

ASCII（American standard code for information interchange）コード
米国規格協会が制定した 1 バイトで 1 文字を表すコードである．パソコンで使用されることが多い．図 5.6（a）参照．

EBCDIC（extended binary coded decimal）コード
IBM 社の開発した 1 バイトで 1 文字を表すコードである．汎用機で使用されることが多い．

ISO（international organization for standardization）コード
国際標準化機構が制定した，7 ビットまたは 8 ビットで 1 文字を表すコードである．日本では，このコードを基にして JIS コードを制定した．

JIS（日本産業規格：Japan industrial standards）コード
ISO コードを基に JIS の定めたコードであり，7 ビットの 7 単位コードと 8 ビットの 8 単位コードがある．漢字を表現するためには，2 バイトの JIS 漢字コードが規定されている．図 5.6（b）参照．

EUC（extended UNIX code）
AT&T が定めたコードである．16 ビットの MSB が 0 のときには上位 8 ビットの 1 バイトコードとし，MSB が 1 のときには全 16 ビットの 2 バイトコードとして扱う．UNIX で使用されることが多い．図 5.6（c）参照．

ユニコード（Unicode）
ユニコードコンソーシアム（The Unicode Consortium）によって規定されたコードである．2 バイトで 1 文字を表すため，日本や中国などの漢字にも対応できる．プログラム言語 Java や XML でも使用される標準コードである．

図 5.6 文字コードの例

5.2 演算アルゴリズム

演算には，論理演算と算術演算がある．ここでは，固定小数点で表現された整数の四則演算を例にして，算術演算の基本アルゴリズムについて説明する．

5.2.1 加減算アルゴリズム

符号と絶対値を用いて表現されたデータを**加減算**する場合には，データの符号ビットや絶対値の大小関係を判定した後に，適切な演算処理を行うことが必要となる．たとえば，減算 0100 − 1001 では，

$$(0100)_2 - (1001)_2 = (+4)_{10} - (-1)_{10} = (+4)_{10} + (+1)_{10} = (+5)_{10} = (0101)_2$$

となり，実際には加算を行うと答えが得られる．一方，2 の補数を用いて表現されているデータの場合には，以下のように，より簡単に加減算を行うことができる．二つの数 A, B を 2 の補数を用いて表現されている 4 ビットのデータとする．

① $A + B$ の場合　→　そのまま加算する．
② $A - B$ の場合　→　B の 2 の補数 B' を求めて，$A + B'$ を計算する．

ただし，どちらの場合でも，加算結果の 5 ビット目に桁上がりが生じた場合には，それを破棄する．また，演算結果が 4 ビットで表せるデータ範囲（−8 〜 +7）を超えた場合には，オーバーフローとなる．

例として，2 の補数で表現された 0110 − 1111 を計算してみよう．減算なので，1111 の 2 の補数を求めて，加算として計算する．1111 の 2 の補数は，0001 である．したがって，0110 − 1111 = 0110 + 0001 = 0111 となり，10 進数の 6 − (−1) = 7 と一致する．このように，2 の補数を利用すると，減算を加算として計算することができる．図 5.7 に，1 ビットどうしの二つの数 X, Y を加算する**全加算器**（**FA**：full adder）の回路と真理値表を示す．

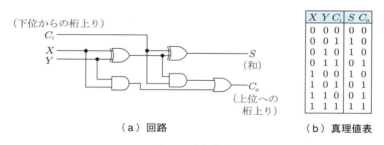

（a）回路　　　　　　　　（b）真理値表

図 5.7　全加算器

FA を必要な数だけ並べれば，多数ビットの加算が行えるが，そのままでは加算しか計算できない．図 5.8 に示すような組み合わせ回路を用いると，表 5.5 に示すように加算以外の機能を付加することが可能となる．

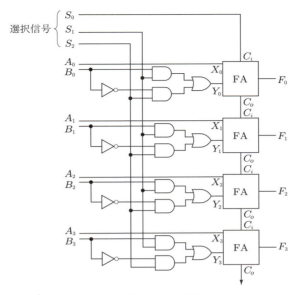

図 5.8　4 ビットの加減算回路

表 5.5　4 ビットの加減算回路の動作

選択信号			出力		動作
S_2	S_1	S_0	Y_i	F	
0	0	0	0	A	A をそのまま転送
0	0	1	0	$A+1$	インクリメント
0	1	0	B_i	$A+B$	加算
0	1	1	B_i	$A+B+1$	加算とインクリメント
1	0	0	$\overline{B_i}$	$A+\overline{B}$	A と B の 1 の補数を加算
1	0	1	$\overline{B_i}$	$A+\overline{B}+1$	減算（A と B の 2 の補数を加算）
1	1	0	1	$A-1$	デクリメント
1	1	1	1	A	A をそのまま転送

5.2.2　乗算アルゴリズム

　乗算は，基本的にはシフト操作と加算によって計算することが可能であり，多くの手法が提案されている．ここでは，2 の補数で表現されたデータをそのまま計算できるため広く使用されている**ブース法**（Booth algorithm）についての概要を解説する．

　はじめに，2 進数 n ビットの符号なし整数 X（被乗数）と Y（乗数）の乗算を行った答えを $2n$ ビットの積 p（または P）とする．図 5.9 に，乗算を筆算で行う場合の計算例を示す．乗数 Y の LSB からの 1 ビットずつを被乗数 X と掛け合わせ，最後にそれらを加算して乗算結果を得ている．

　このとき，乗数 $Y(y_{n-1} \cdots y_3 y_2 y_1 y_0)$ のビット i までの加算結果 p_{i+1} である**部分積**は，式 (5.6) で計算することができる．

$$p_{i+1} = p_i + y_i X 2^i \tag{5.6}$$

　式 (5.6) において，$X2^i$ は，被乗数 X を i ビット左へシフトすることを示している．つまり，この式では，X の左方向へのシフト回数を徐々に変化させる必要がある．しかし，コンピュー

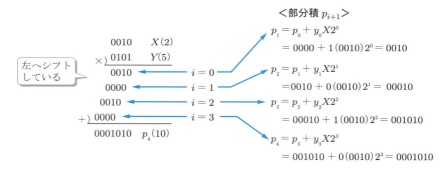

図 5.9　筆算による乗算の例（2×5）

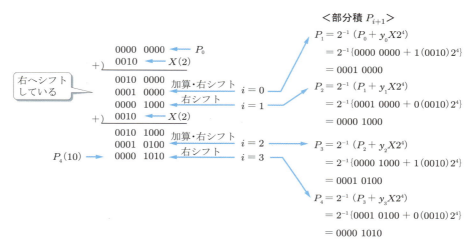

図 5.10　被乗数 X の加算位置を固定した乗算の例（2×5）

タで実現する場合には，図 5.10 に示すように，被乗数 X のシフト回数を固定して，部分積のほうを 1 ビットずつ右にシフトすると計算過程のデータが左へずれていかずに 1 列になる．

この場合の部分積 P_{i+1} は，式 (5.7) で計算することができる（巻末の付録 A 参照）．

$$P_{i+1} = 2^{-1}(P_i + y_i X 2^n) \tag{5.7}$$

また，X，Y が n ビットの 2 の補数で表現されたデータである場合の部分積 P_{i+1} は，式 (5.8) で計算することができる（巻末の付録 B 参照）．式 (5.7)，(5.8) とも，i は 0〜$n-1$ ビットまでを表している．

$$P_{i+1} = 2^{-1}\{P_i + (y_{i-1} - y_i) X 2^n\} \tag{5.8}$$

式 (5.8) より，次の三つの場合分けが考えられる．

① $y_i = y_{i-1}$ のとき，$P_{i+1} = 2^{-1} P_i$
② $y_i = 1$，$y_{i-1} = 0$ のとき，$P_{i+1} = 2^{-1}(P_i - X 2^n)$
③ $y_i = 0$，$y_{i-1} = 1$ のとき，$P_{i+1} = 2^{-1}(P_i + X 2^n)$

つまり，隣り合う 2 ビット（y_i と y_{i-1}）を比較することで，部分積 P_{i+1} を計算できる．上記①〜③の部分積を表す式における 2^{-1} は，データを右に 1 ビット算術シフト，$X 2^n$ は，X を左に n ビット算術シフトすることを意味している．表 5.6 に，上記①〜③の操作をまとめて示す．

表5.6 隣り合う2ビット（y_i と y_{i-1}）を比較したときの操作

y_i	y_{i-1}	操　作
0	0	①そのまま，右へ1ビット算術シフト
0	1	③Xを加算した後，右へ1ビット算術シフト
1	0	②Xを減算した後，右へ1ビット算術シフト
1	1	①そのまま，右へ1ビット算術シフト

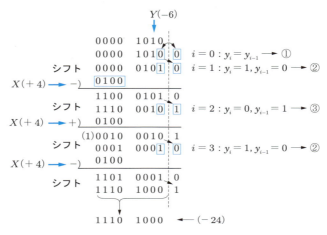

図5.11　ブース法による乗算の例（+4）×（−6）

図5.11に，4ビットの2の補数で表現された X $(0100)_2 = (+4)_{10}$ と Y $(1010)_2 = (-6)_{10}$ を表5.6の操作で乗算した例を示す．Yの上位ビットには，0000を加筆しておく．右への算術シフトでは，MSBの値が変化しないことに注意しよう．

また，式(5.8)において，$(y_{i-1} - y_i)$ の値は，0，1，−1 の3通りしかない．ここで，−1を $\hat{1}$ と表すことにする．そして，乗数 Y をこの記号を用いた表記に変換する．たとえば，$(1011)_2 = (-5)_{10}$ は，$\hat{1}10\hat{1}$ と表す．この変換は，図5.12の右側に示すように隣り合うビットを比較することで行う．この表記を**ブースリコーディング**（Booth recoding）といい，あらかじめこの操作を行っておけば，図5.12の左側に示すように，乗数 Y の各1ビットを用いてより簡単に演算を行うことができる．$\hat{1}$ をかけることは，符号を反転させることと同じであるため，2の補数を求めればよい．また，X $(-4)_{10}$ と Y $(-6)_{10}$ の乗算を行う場合には，X の値を $(1111\ 1100)_2$ と2の補数表現することに注意しよう．

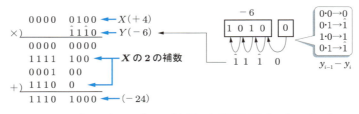

図5.12　ブースリコーディングを用いた乗算の例（+4）×（−6）

5.2.3　除算アルゴリズム

除算を行うアルゴリズムには，**引き戻し法**（restoring division）や**引き放し法**（nonrestoring division）などがあるが，通常は演算回数の少ない引き放し法が用いられることが多い．

ここでは，2進数 $2n$ ビットの X（被除数）と n ビットの Y（除数）の商 Q と剰余 R を考える．ただし，X，Y は符号なし整数であり，商 Q は 4 ビット以下であるとする．図 5.13 に，除算を筆算で行う場合の計算例を示す．この例では，計算過程の数字 0 を右端まで表記している．

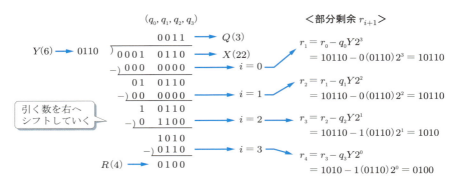

図 5.13　筆算による除算の例（22 ÷ 6）

図 5.13 における手順 i までの**部分剰余** r_{i+1} は，式 (5.9) のように表すことができる．ただし，q_i は商 Q（q_0，q_1，q_2，$q_3 \cdots$，q_{n-1}）の各ビット値であり（並び順に注意すること），i は 0 から $n-1$ までを表している．

$$r_{i+1} = r_i - q_i Y 2^{n-1-i} \tag{5.9}$$

乗算の場合と同様に，除数 Y のシフト回数を固定して，部分剰余のほうを 1 ビットずつ左にシフトするようにするために，式 (5.9) の両辺に 2^{i+1} を掛けて式 (5.10) を得る．

$$r_{i+1} 2^{i+1} = 2 r_i 2^i - q_i Y 2^n \tag{5.10}$$

r_i を左に i ビットシフトした $r_i 2^i$ を改めて R_i とすると，式 (5.11) のようになる．

$$R_{i+1} = 2 R_i - q_i Y 2^n \tag{5.11}$$

式 (5.11) は，手順 i において，次のようにして部分剰余を求めることを示している．

① $2R_i \geq Y2^n$ のとき，減算できるので，
　$R_{i+1} = 2R_i - Y2^n$，$q_i = 1$ とする．
② $2R_i < Y2^n$ のとき，減算できないので，
　$R_{i+1} = 2R_i$，$q_i = 0$ とする．

上記では，$2R_i$ と $Y2^n$ の大小関係を判定してから q_i を決めると説明したが，実際には減算を行った結果の正負を判定する．

引き戻し法では，手順 i での減算結果が負となり，$q_i = 0$ とするときに，式 (5.12) の加算によって R_i を元の値に戻す．

$$R_i \leftarrow R_i + Y2^n \tag{5.12}$$

そして，次の手順 $i + 1$ で式 (5.13) を計算し，R_{i+1} の正負を判定する．

$$R_{i+1} = 2R_i - Y2^n \tag{5.13}$$

図 5.14 に符号付き正の整数を対象とした引き戻し法による除算アルゴリズムのフローチャートを示す．また，図 5.15 に引き戻し法による除算の計算例を示す．

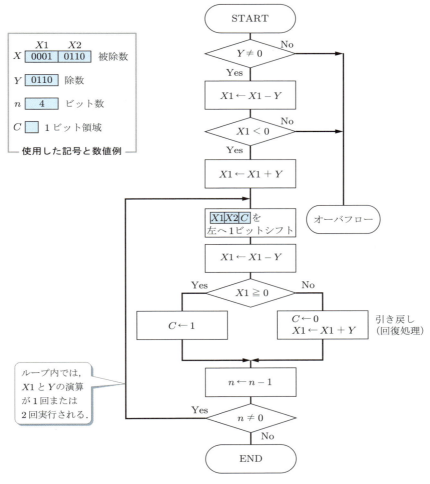

図 5.14　引き戻し法のフローチャート

```
 n        X1     X2
 4      0001   0110        X(22)
Y(6)→ -) 0110
        1011   0110  ----- X1 < 0 なので Q はオーバフローしない
      +) 0110              加算して回復
        0001   0110
        0010   110□        左シフト
      -) 0110        C
        1100
 3      1100   110□0       X1 < 0   C←0
      +) 0110              加算して回復
        0010   1100
        0101   100□        左シフト
      -) 0110
        1111
 2      1111   100□0       X1 < 0   C←0
      +) 0110              加算して回復
        0101   1000
        1011   000□        左シフト
      -) 0110
        0101
 1      0101   000□1       X1 ≧ 0   C←1
        1010   001□        左シフト
      -) 0110
        0100
 0      0100   001□1       X1 ≧ 0   C←1
        ‿‿‿‿   ‿‿‿‿
        R(4)   Q(3)
```

図 5.15　引き戻し法による除算の計算例（22 ÷ 6）

ところで，式 (5.12) を式 (5.13) に代入すると，式 (5.14) になる．

$$R_{i+1} = 2\,(R_i + Y2^n) - Y2^n$$
$$= 2R_i + Y2^n \tag{5.14}$$

つまり，手順 i で $q_i = 0$ となったときには，式 (5.12) の加算を行わずに次の手順 $i+1$ で R_i を左へ 1 ビットシフトした後，$Y2^n$ を加算すれば R_{i+1} を計算できる．ただし，手順 i で $q_i = 1$ となったときには，式 (5.13) で R_{i+1} を計算すればよい．このことから，**引き放し法**では，減算結果が負になっても，すぐには加算による回復を行わずに，次の手順 $i+1$ で減算の代わりに加算を行うことで高速化を図っている．

図 5.16 に，符号付き正の整数を対象にした引き放し法による除算アルゴリズムのフローチャートを示す．また，図 5.17 に引き放し法による除算の計算例を示す．

符号付き正の整数を対象とした除算のアルゴリズムを説明したが，符号付き負の整数や 2 の補数表現された数などを計算する場合には，補正が必要な場合が生じて手順が複雑になる．したがって，負の数を扱う除算では，次のように計算するとよい．

① 被除数と除数の符号から商の符号を決める．

② 負の数を正の数に変換する．2 の補数表示の負数は，2 の補数を求めて正の数に変換する．

③ 正の数を用いて，引き放し法などのアルゴリズムを用いて除算を行う．

④ はじめに 1 で決めた商の符号が負であれば，3 で得られた商を負の数の表現に変換する．

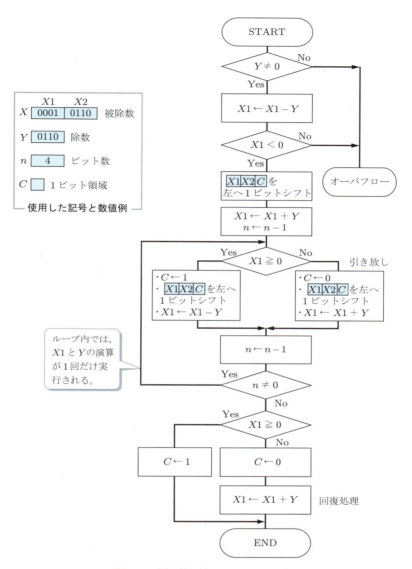

図 5.16　引き放し法のフローチャート

5.2　演算アルゴリズム

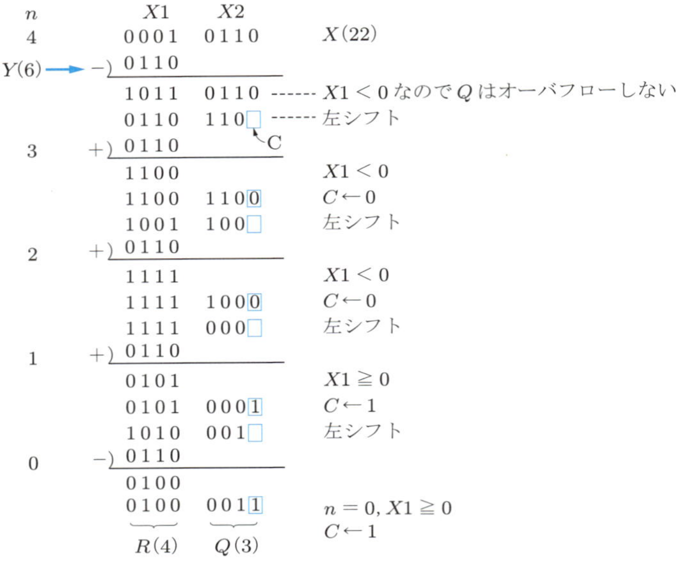

```
n          X1      X2
4          0001    0110        X(22)
Y(6) ──→ −)0110
           1011    0110   ------ X1 < 0 なので Q はオーバフローしない
           0110    110□   ------ 左シフト
3        +)0110          C
           1100
           1100    1100 0       C ← 0
           1001    100□         左シフト
2        +)0110
           1111
           1111    1000 0       C ← 0
           1111    000□         左シフト
1        +)0110
           0101          X1 ≧ 0
           0101    0001 1       C ← 1
           1010    001□         左シフト
0        −)0110
           0100
           0100    0011 1       n = 0, X1 ≧ 0
          R(4)     Q(3)         C ← 1
```

図 5.17 **引き放し法による除算の計算例（22 ÷ 6）**

演習問題

5-1 3 増しコードとグレイコードの利点について説明しなさい.

5-2 4 ビットのグレイコードを作成しなさい.

5-3 10 進数の 386 をアンパック形式とパック形式の 2 進数表示で表しなさい.

5-4 0 進数の −56 を 8 ビットの 2 進数表示で表しなさい. ただし, 符号と絶対値表現と 2 の補数を用いた表現のそれぞれについて答えなさい.

5-5 浮動小数点表現における, 次の用語について説明しなさい.
　　① 正規化　　　　　② けち表現
　　③ バイアス表現　　④ 丸め誤差

5-6 次の 2 進数の加減算を計算しなさい. ただし, 2 進数は 2 の補数を用いて表現された正または負の整数とする.
　　① 1100 + 0110　　② 0110 − 1111

5-7 次の 2 進数の乗算をブース法によって計算しなさい. ただし, 2 進数は 2 の補数を用いた正または負の整数とする.
　　① 0011 × 1101　　② 1001 × 1100

5-8 次の 2 進数の乗算をブースリコーディングによって計算しなさい. ただし, 2 進数は 2 の補数表現を用いた正または負の整数とする.
　　① 0111 × 1001　　② 1011 × 1110

5-9 次の 2 進数の除算を引き放し法によって計算しなさい. ただし, 2 進数は符号付きの正の整数とする.
　　① 0011 0010 ÷ 0111　　② 0100 0011 ÷ 0111

6 制御アーキテクチャ

ねらい この章では，ワイヤードロジック制御方式とマイクロプログラム制御方式の原理や特徴について理解しよう．また，例示するコンピュータのモデルがワイヤードロジック制御方式で動作することを確認しよう．

6.1 コンピュータの制御

図 6.1 に示すように，コンピュータは**メインメモリ**（主記憶装置）に格納されている命令を CPU 内の**命令レジスタ**に取り出した後，**デコーダ**で解読する．デコーダから出力されるデコード情報は，ALU（算術論理演算装置）や PC（プログラムカウンタ），汎用レジスタなどに与えられる制御信号となる．

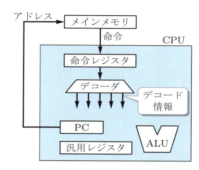

図 6.1 デコード情報

制御アーキテクチャは，デコード情報をどのように処理して制御を実現するかを決めるが，大別して，ワイヤードロジック制御（wired logic control）方式（布線論理制御方式や配線論理制御方式ともいう）とマイクロプログラム制御（micro-programmed control）方式がある（図 6.2）．

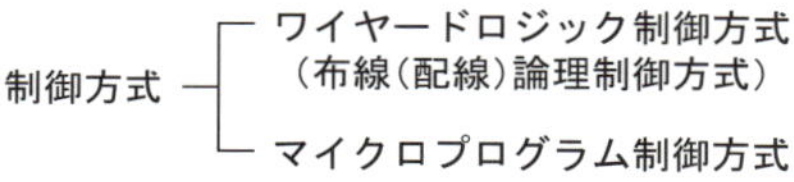

制御方式 ─┬─ ワイヤードロジック制御方式
　　　　　　（布線（配線）論理制御方式）
　　　　　└─ マイクロプログラム制御方式

図 6.2 二つの制御方式

6.2 ワイヤードロジック制御方式

ワイヤードロジック制御方式は，図 6.1 において，デコーダから出力されるデコード情報を，配線によって直接的に ALU や PC，汎用レジスタなどに与える方法である．

6.2.1 コンピュータのモデル

例として，図 6.3 に示す小規模なコンピュータのモデルを考えよう．このモデルでは，直接アドレッシングと即値アドレッシングの 2 種類が使用でき，演算回路 FA は加算のみ，フラグレジスタ F は演算回路の MSB からの桁上がり情報 1 ビットのみを反映するものとしている．また，

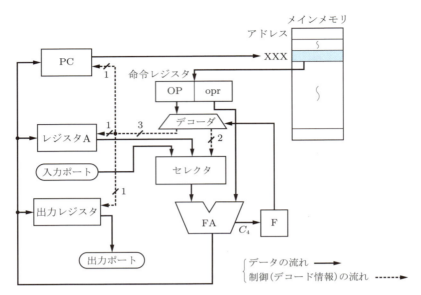

図 6.3　コンピュータのモデル

入力ポートと出力ポートを備えており，たとえば，入力ポートにはスイッチ，出力ポートにはLEDが接続されている．出力レジスタは，出力データのラッチ（latch, 保持）を行っている．

演算回路で加算される二つの数はセレクタ回路によって選択される．セレクタ回路は，表6.1に示すように，2ビットの選択信号 S_1 と S_0 によって，レジスタA，入力ポート，オールゼロ（0000）のいずれかのデータを選択して出力する組み合わせ回路である．表6.2に，PC，レジスタA，出力レジスタの動作を示す．

表 6.1　セレクタの動作

入力		出力
S_1	S_0	Y
0	0	レジスタA
0	1	オールゼロ
1	0	入力ポート
1	1	オールゼロ

表 6.2　レジスタ（PC, A, 出力）の動作

制御信号	動作
0	ロード（データを読み取る）
1	PCは，+1（カウントアップ） A，出力は，ラッチ（データの保持）

各レジスタは，制御信号が0のときに，クロック信号に同期して演算回路からの出力をロードする．また，PCは制御信号が1のときにクロック信号に同期してカウントアップ動作を行う（1を加算して，次にアクセスするアドレスを示す）．

デコーダから出力されるデコード情報は，セレクタへの選択信号（S_1, S_0）の2ビットと，PC，レジスタA，出力レジスタへの制御信号の各1ビット，つまり計5ビットの信号となる（図6.3の破線）．図6.3では，クロック信号の記述を省略しているため，表6.3で各機能の動作のタイミングを確認されたい．

命令長を8ビット（OP, opr 各4ビット），各レジスタ（PC, A, 出力）のデータ長を4ビット，FAを4ビットの全加算器，メインメモリのアドレスを4ビットと考えた場合の命令セットの構成例を表6.4に示す．

表 6.3　各機能の動作

機　能	動　作
PC，レジスタ A，出力レジスタ，F，命令レジスタ	クロック信号に同期して動作する順序回路
メインメモリ，デコーダ，FA，セレクタ	入力の変化に応じて出力も変化する組み合わせ回路
入力ポート	スイッチ（ラッチ機能あり）
出力ポート	LED（ラッチ機能なし）

表 6.4　命令セットの構成例

連番	命　令	デコーダ入力 命令コード OP	デコーダ入力 命令コード (opr)	デコーダ入力 フラグ F	デコーダ出力（デコード情報） レジスタ PC	レジスタ A	レジスタ 出力	セレクタ S_1	セレクタ S_0	機　能
1	OUT I_m	0000	I_m	ϕ	1	1	0	ϕ	1	I_m →出力ポート
2	JP	0001	ADR	ϕ	0	1	1	ϕ	1	ADR へジャンプ
3	LD　A, I_m	0010	I_m	ϕ	1	0	1	ϕ	1	I_m → A
4	OUT　A	0011	0000	ϕ	1	1	0	0	0	A →出力ポート
5	IN　A	0100	0000	ϕ	1	0	1	1	0	A ←入力ポート
6	ADD　A, I_m	0101	I_m	ϕ	1	0	1	0	0	A ← A + I_m
7	JPF	0110	ADR	0	0	1	1	ϕ	1	F = 0 なら ADR へジャンプする
				1	1	1	1	ϕ	ϕ	F = 1 ならジャンプしない
8	NOP	0111	0000	ϕ	1	1	1	ϕ	ϕ	何もしない

I_m：即値データ
ADR：アドレスデータ
ϕ：don't care（0，1 いずれでもよい）

6.2.2　命令実行時の動作

次に，いくつかの命令を実行した場合の動作を説明する．

（1）LD 命令

連番 3 の LD 命令は，オペランド opr に書かれた 4 ビットの即値データ I_m をレジスタ A に転送する命令である．図 6.4 に LD 命令実行時のデコーダの入出力，図 6.5 にコンピュータの動作を示す．デコード情報の $(S_1, S_0) = (\phi, 1)$ により，セレクタはオールゼロ（0000）を出力する（表 6.1）．ϕ は，don't care（0，1 のいずれでもよい）とする．したがって，全加算器 FA は，$0000 + I_m$ を計算し，加算結果の I_m を各レジスタ（PC，A，出力）に入力する．しかし，各レジスタを制御するデコード情報はレジスタ A のみが 0（ロード）となるため（表 6.2），I_m はレジスタ A のみに取り込まれる．このようにして，opr に書かれた I_m はレジスタ A へ転送される．

（2）JPF 命令

連番 7 の JPF 命令は，フラグレジスタ F が保持している値によって，オペランド opr に書かれたアドレス ADR へのジャンプを行うか否かを決める命令である．図 6.6 に JPF 命令実行時のデコーダの入出力，図 6.7 にコンピュータの動作を示す．ただし，F には 0 が保持されているとする．デコード情報の $(S_1, S_0) = (\phi, 1)$ により，セレクタはオールゼロ（0000）を出力する（表 6.1）．したがって，全加算器 FA は，$0000 + ADR$ 計算し，加算結果の ADR を各レジスタ

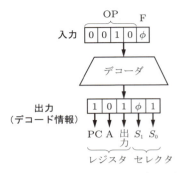

図 6.4 LD 命令実行時のデコーダの入出力

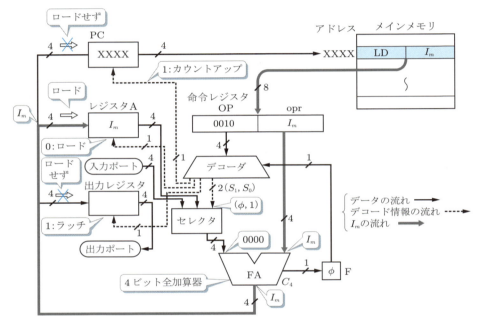

図 6.5 LD 命令実行時の動作

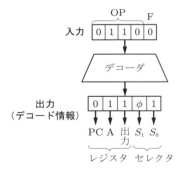

図 6.6 JPF 命令実行時のデコーダの入出力

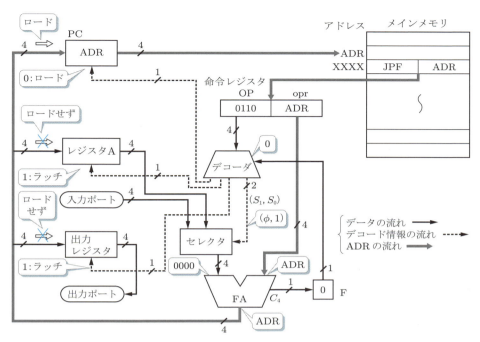

図 6.7　JPF 命令実行時の動作（F = 0 のとき）

(PC, A, 出力) に入力する．各レジスタを制御するデコード情報は，PC のみが 0（ロード）となるため（表 6.2），ADR は PC のみに取り込まれる．つまり，次に有効なクロック信号が入力されたときには，PC の示す ADR 番地の命令が実行される．

もしも，F = 1 であった場合には，PC, レジスタ A, 出力レジスタに与えられるデコード情報がすべて 1（ラッチ）になるため（表 6.4），これらのレジスタの内容は変化しない．このため，次のクロック信号では，PC の値が 1 加算されて，いま実行した JPF 命令を格納しているアドレス XXXX の次のアドレス XXXX + 1 に格納されている命令が取り出される．つまり，アドレス ADR への分岐は行われない．

このように，ワイヤードロジック制御方式では，表 6.4 に示したデコード情報を得られるようなデコーダを設計し，実際に配線を行うことで制御部を構成することができる．この方式は，多くの命令を用いた場合に制御信号も多種になるため，配線が複雑になってしまう．また，一度配線を行った後に制御部の変更を行うことは容易ではない．しかし，デコード情報をそのまま制御信号としているため，高速な制御を行うことが可能となる．このような特徴から，命令数の少ない RISC において，多く採用される制御方式である．

ここで例示したコンピュータのモデルは，第 14 章で設計演習を行う．

6.3　マイクロプログラム制御方式

ワイヤードロジック制御方式では，多くの命令をもった CPU の場合に制御部が非常に複雑になってしまう．そこで，ケンブリッジ大学のウィルクスは，1951 年に**マイクロプログラム制御方式**を提案した．

6.3.1 マクロ命令とマイクロ命令

マイクロプログラム制御方式では，メインメモリに格納されている命令（ここでは，**マクロ命令**とよぶことにする）の実行は，**制御メモリ**（CS：control storage，またはCM：control memory）とよばれるメモリに格納されている**マイクロプログラム**（**マイクロ命令**の集合）によって処理される．図6.8に，例としてマクロ命令（乗算命令MUL）が複数のマイクロ命令と対応している様子を示す．一般的には，1個のマクロ命令は，数個〜数十個のマイクロ命令で実現される．

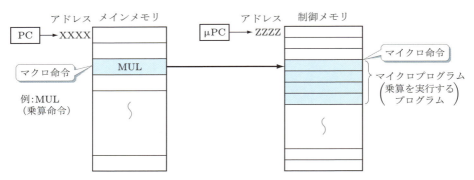

図6.8　マクロ命令とマイクロ命令

図6.9に，マイクロプログラム制御方式の構成を示す．ワイヤードロジック制御方式では，メインメモリに格納されているマクロ命令は，命令レジスタにセットされた後，ただちにデコーダでデコード情報に変換された．しかし，マイクロプログラム制御方式では，マクロ命令は命令レジスタからアドレス決定機構に送られ，マイクロ命令プログラムカウンタ（μPC）の値を決め

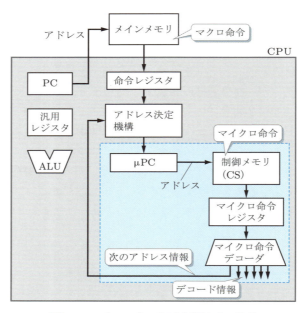

図6.9　マイクロプログラム制御方式の構成

る．μPC の値によって選択されたマイクロ命令は，マイクロ命令レジスタへ送られ，マイクロ命令デコーダによってデコード情報に変換される．デコード情報には，次に実行すべきマイクロ命令を指定するためのアドレス情報が含まれている．

μPC によって指定されたマイクロ命令が実行される過程は，ワイヤードロジック制御方式と同様である（図 6.9 の破線内）．

マイクロプログラム制御方式では，制御信号を生成するのがマイクロ命令であるためにマクロ命令数が増加しても制御部の配線を簡素化できる．したがって，マクロ命令数の多い CISC で多く採用されている．また，制御部はマイクロ命令によって決まるので，マクロ命令を決定する前であっても制御部の設計を開始できる利点がある．さらに，制御メモリ（ROM が使用される）の内容を変えればマクロ命令の動作を変更できるので，ワイヤードロジック制御方式に比べて設計変更に柔軟に対応することができる．

マイクロプログラムは，ソフトウェア（マクロ命令の集合）とハードウェア（ワイヤードロジック制御部）の間に位置することから，**ファームウェア**（firmware：ROM に格納されてハードウェア化したソフトウェアという意味）とよばれる．

6.3.2 マイクロ命令の形式

マイクロ命令の形式は，図 6.10 に示すように，**水平型**と**垂直型**に大別される．水平型マイクロ命令形式は，マイクロ命令の各ビットがそのまま制御信号を表すため，デコーダを必要としない．この形式では，マイクロプログラムのステップ数が短くて済むが，制御メモリの 1 語あたりのビット幅（横幅，つまり水平方向の長さ）は長くなる．一般的な水平型マイクロ命令の命令長は 64 ビット以上である．また，マイクロ命令とハードウェアの対応がわかりやすいので設計が容易で，高速な動作を行うことができる．

垂直型マイクロ命令形式は，マイクロ命令をデコードすることで制御信号を得る．この形式では，制御メモリの 1 語あたりのビット幅は短くてよいが，マイクロプログラムのステップ数（縦，つまり垂直方向の長さ）は長くなる．さらに，デコード時間も必要となる．このため，高速に動作させるためには，制御メモリのアクセス速度がとくに重要な要因となる．しかし，水平型と比べるとマイクロ命令のビット使用効率は高い．

マイクロプログラム制御方式では，マクロ命令の動作がマイクロプログラムによって決まるため，マイクロプログラム（制御メモリの内容）を変更することで，同じハードウェアの CPU をあたかも別の命令セットをもった CPU に仕立て上げることさえ可能となる．実際にユーザが命令セットを変更できるコンピュータ（カメレオンコンピュータともよばれた）が提案されたこと

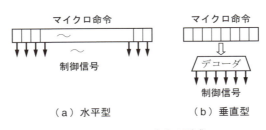

図 6.10　マイクロ命令の形式

もあった．しかし，マイクロプログラムを公開することは，システムの機密保持やソフトウェアの互換性などの観点から注意が必要である．

演習問題

6-1 ワイヤードロジック制御方式が RISC に採用されることの多い理由を説明しなさい．

6-2 マイクロプログラム制御方式が CISC に採用されることの多い理由を説明しなさい．

6-3 表 6.4 に示した命令セットをもつワイヤードロジック制御方式のコンピュータで，OUT A 命令を実行した場合の動作を説明しなさい．ただし，図 6.5 や図 6.7 を参考にして，図 6.11 を用いて説明すること．

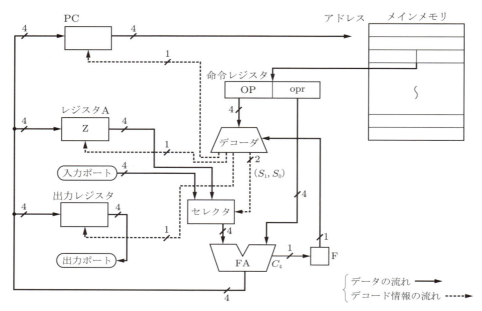

図 6.11　OUT A 命令実行時の動作

6-4 マクロ命令とマイクロ命令の違いを説明しなさい．

6-5 マイクロプログラムがファームウェアとよばれる理由について説明しなさい．

6-6 設計に変更が生じた場合，ワイヤードロジック制御方式とマイクロプログラム制御方式ではどちらが有利となるか説明しなさい．

6-7 マイクロ命令において，水平型と垂直型の特徴を比較して説明しなさい．

7 メモリアーキテクチャ

ねらい この章では，ICメモリの分類やSRAM，DRAMの動作原理を学ぼう．また，代表的な補助記憶装置として，ハードディスク，フラッシュメモリ，CD，DVD，BDなどの構造や動作原理について理解しよう．

7.1 メモリ装置の基礎

メモリ（記憶）装置は，用途によって多くの種類が開発されている（メモリ装置のことを単にメモリということも多い）．ここでは，いろいろなメモリ装置の特徴や分類方法などについて解説する．

7.1.1 メモリ装置の機能

図 7.1 に，メモリ装置の基本構成を示す．メモリ装置は，データをメモリ媒体に格納して保持する（書き込む：write）機能や，メモリ媒体に格納されているデータを取り出す（読み取る：read）機能をもっている．メモリ装置を用いてデータの書込みや読取り操作を行うことを，メモリ装置にアクセス（access）するという．

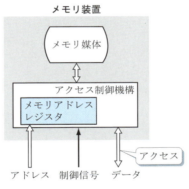

図 7.1 メモリ装置の基本構成

メモリ装置は，次のような観点から分類することができる．

（1）主記憶装置／補助記憶装置

CPUとデータのやり取りを行うためにとくに高速性が要求される主記憶装置であるか，または大量データの長期保存に使用される補助記憶装置であるかの分類である．現在の主記憶装置ではICメモリ，補助記憶装置ではハードディスク，フラッシュメモリなどが一般的である．

（2）メモリ媒体の種類

メモリ媒体が半導体であるか，または磁性材料や光の反射などを利用するものであるかの分類である．半導体メモリは，ICメモリともよばれる．

（3）揮発性／不揮発性

メモリ装置へ供給する電源を切るとデータが消失する**揮発性**であるか，または電源を切ってもデータを保持する**不揮発性**であるかの分類である．

（4）RAM/ROM

データの再書込みが可能な **RAM**（random access memory）であるか，または読込み専用の **ROM**（read only memory）であるかによる分類である．

（5）アクセス方式

シーケンシャル（順次）**アクセス**（sequential access）のみ可能であるか，**ランダム**（直接）**アクセス**（random access）も可能であるかの分類である（図 7.2）．たとえば，**磁気テープ**は，シーケンシャルアクセスのみが可能な補助記憶装置である．

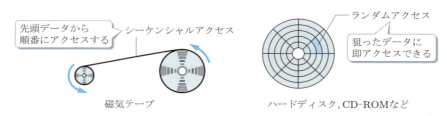

図 7.2　アクセス方式

（6）可搬性

メモリ媒体を実用的に移動して使用することが可能か否かの分類である．たとえば，一般的な内蔵型ハードディスク装置に可搬性はないが，USB フラッシュメモリ装置（p.73）は媒体を容易に移動することができる．

7.1.2　メモリ装置の階層

メモリ装置に要求されるおもな性能は記憶容量と動作速度であり，一般的には，これらはトレードオフの関係にある．もっとも高速な動作が要求されるメモリ装置は，CPU に内蔵されている各種のレジスタである．一方，ソリッドステイトドライブ（SSD）やハードディスクなどの補助記憶装置では，大容量であることが重要な要因となる．記憶容量とアクセス速度に注目してメモリ装置を分類すると，図 7.3 のようなピラミッド型の階層的な図となる．この図のアクセス速度は，アクセスの要求を出してからデータの読取りが開始されるまでの時間として示している．

ピラミッドの上部ほど CPU に近いメモリ装置を表しており高速性が要求され，逆に下部ほど記憶容量の大きい（光ディスクは例外）ことが要求される．上部のレジスタ，キャッシュ，主記憶の各装置を合わせて**内部記憶装置**といい，それに対して補助記憶装置を**外部記憶装置**という．CPU は，キャッシュ装置（詳しくは次章で解説する）を内蔵したものが多い．また，1 ビットあたりのコストは，下部へ向かうほど低くなる傾向がある．

補助記憶装置としては，パソコンの USB ポートへ接続するスティック型のフラッシュメモリなども実用化されている．詳しくは 7.2 節で解説する．また，ハードディスク装置と光ディスク装置については，7.3 節で解説する．

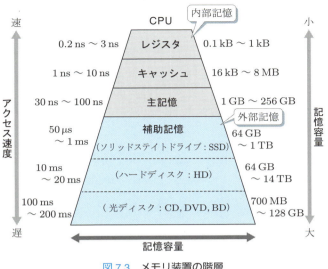

図 7.3　メモリ装置の階層

7.2　IC メモリ

主記憶装置として，1950 年代以降は磁気コアメモリが用いられていたが，1970 年代に入ってからは IC メモリ（半導体メモリ）が主流となった．現代のコンピュータにおいても，主記憶装置には IC メモリが使用されている．

7.2.1　IC メモリの分類

図 7.4 に，IC メモリの分類を示す．IC メモリは，揮発性であるが読取り書込みともに可能な RAM と，不揮発性で読取りを中心として使用する ROM に大別できる．

IC メモリの 1 チップあたりの記憶容量は，図 7.5 に示すように年々増加してきた．この増加の割合は，1965 年に経験則として示されたとの説がある．ムーアの法則（Moor's law）「18 ヶ月

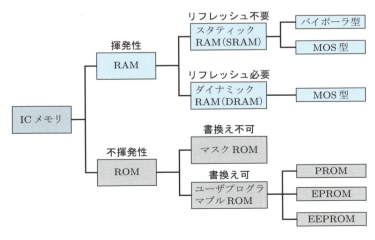

図 7.4　IC メモリの分類

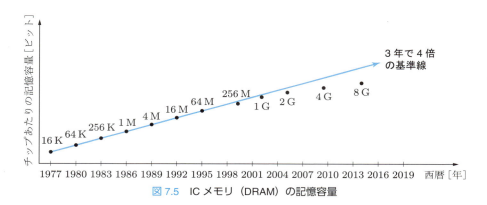

図 7.5 IC メモリ（DRAM）の記憶容量

で集積度は 2 倍になる（3 年で 4 倍）」とおおむね合致していた．しかし，容量が 256 M になった頃からは，記憶容量増加のペースが鈍化している．これは，微細化によって得られる効率コストと費やされる開発コストのバランスがとれなくなってきたからだともいわれている．一方で，これまで平面（2 次元）だった半導体構造を立体（3 次元）にして記憶容量を増加させた IC メモリなども実用化されている．

7.2.2 RAM

RAM は，スタティック RAM（SRAM：static RAM）とダイナミック RAM（DRAM：dynamic RAM）に大別される．SRAM は電源を接続していれば記憶内容を保持できるが，DRAM は電源を接続していても一定時間を過ぎると記憶内容が消失してしまう．したがって，DRAM では記憶内容が消失する前に記憶内容を読み取って再書込みを行う操作が必要となる．この操作を**リフレッシュ**（refresh）という．

また，SRAM では，半導体素子にバイポーラトランジスタを使用した**バイポーラ**（bipolar）**型**と，**MOS-FET**（metal oxide semiconductor field effect transistor）を使用した **MOS 型**がある．バイポーラ型は高速であり，MOS 型は大容量化を安価に実現できる利点がある．

次に，MOS 型の SRAM と DRAM の基本動作原理について解説する．

（1）MOS 型 SRAM

図 7.6 に，MOS 型 SRAM の 1 セル（1 ビット分）の基本構造を示す．MOS 型 FET の図記号は簡略表記をしているが，ゲートの電位が "0" のときにはドレーン–ソース間は非導通であり，

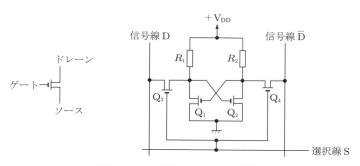

図 7.6 MOS 型 SRAM の基本構造

ゲートに "1" が加わるとドレーン-ソース間が導通すると考えればよい.

データ "1" を書き込む際には，選択線 S を "1" としてこのセルを選択し，信号線 D を "1"，$\overline{D}$ を "0" とすると，Q_1 が OFF，Q_2 が ON となる．その後，選択線 S を "0" にしても信号線 D と $\overline{D}$ の値に関わらず，Q_1 は OFF，Q_2 は ON の状態を保持する．データ "0" を書き込む際には，信号線 D と $\overline{D}$ に与える信号を先ほどとは逆にして，Q_1 は ON，Q_2 は OFF とする．

データを読み取る際には，選択線 S を "1" としてこのセルを選択し，信号線 D の電位を検出する．電位が "1" ならばデータ "1"，電位が "0" ならばデータ "0" と判断する．

（2）MOS 型 DRAM

図 7.7 に，MOS 型 DRAM の 1 セルの基本構造を示す．

図 7.7 において，コンデンサ C に電荷が充電されている状態を "1"，電荷のない状態を "0" と定義する．データ "1" を書き込む際には，選択線 S を "1" としてこのセルを選択し Q_1 を ON にする．このとき，信号線 D を "1" するとコンデンサ C は充電される．

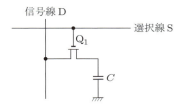

図 7.7　MOS 型 DRAM の基本構造

データを読み取る際には，選択線 S を "1" としてこのセルを選択し，信号線 D の電位を検出する．電位が "1" ならばデータ "1"，電位が "0" ならばデータ "0" と判断する．このように，MOS 型 DRAM では，コンデンサに蓄えられた電荷の有無でデータの "0"，"1" を判断している．したがって，コンデンサの電荷が自然放電してしまう前にリフレッシュ操作を行う必要がある．また，データを読み取った後も電荷が消失してしまう（破壊読出しという）ので，リフレッシュ操作が必要となる．

図 7.6 と図 7.7 を比較すればわかるように，DRAM は 1 セルあたりに使用する FET の数が少ないために集積化に適しており，安価で大容量なメモリを実現できるためにパソコンの主記憶装置などとして広く用いられている．また，SRAM は，リフレッシュ不要，高速動作可能などの利点があるが，高価なことが欠点である．

DRAM としては，バスクロックに同期して高速に動作する **SDRAM**（synchronous DRAM）や，クロックの立上りと立下りの両方で動作する **DDR SDRAM**（double data rate SDRAM）などが実用化されている．図 7.8 に DDR4 SDRAM 基板の外観例，表 7.1 に各種の DRAM の転送速度を示す．

図 7.8　DDR4 SDRAM 基板の外観例（8 GB）
[写真提供：株式会社バッファロー]

表 7.1　DRAM の転送速度

メモリ	SDRAM		DDR SDRAM				
規　格	PC100	PC133	DDR200 (PC1600)	DDR550 (PC4400)	DDR2-1200 (PC2-9600)	DDR3-2133 (PC3-17000)	DDR4-4266 (PC4-34100)
転送速度	800 MB/s	1066 MB/s	1.6 GB/s	4.4 GB/s	9.6 GB/s	17 GB/s	34 GB/s

次に，小規模な SRAM の実例を見てみよう．エプソン社の SRM2B256SLMX55 は，次のような特徴をもった **C-MOS**（complementary MOS）型の非同期式 SRAM である．

■ SRM2B256SLMX55 の特徴
- ・記憶容量は，32768 領域 × 8 ビット（32 kB）．
- ・アクセス時間（最大）は，55 ns．
- ・電源 V_{CC} は，2.7 〜 5.5 V．
- ・消費電流は，動作時（最大）45 mA，スタンバイ時（最大）3 mA．
- ・動作周囲温度は，−25 〜 85℃．

図 7.9（a）に，この SRAM のピン配置を示す．アドレス線は A0 〜 A14 の 15 ビット（2^{15} = 32768 領域），データ線は DQ1 〜 DQ8 の 8 ビットであるため，メモリの構成を表すメモリマップは図 7.9（b）のようになる．表 7.2 に，動作表を示す．

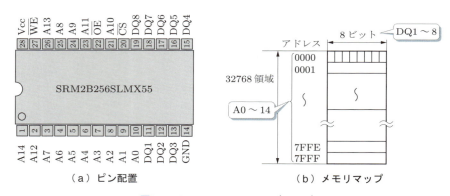

（a）ピン配置　　　　　　　（b）メモリマップ

図 7.9　SRM2B256SLMX55（SRAM）

表7.2 動作表

端子			動作		
$\overline{CS}$	$\overline{WE}$	$\overline{OE}$	モード	データピン DQ	消費電流
1	φ	φ	非選択	ハイインピーダンス	スタンバイ
0	0	φ	書込み	入力	動作
0	1	0	読取り	出力	
0	1	1		ハイインピーダンス	

φ：don' care（0, 1のどちらでもよい）

表 7.2 より，たとえば，選択端子 $\overline{CS}$ と出力イネーブル端子 $\overline{OE}$ を "0" に固定しておけば，書込み端子 $\overline{WE}$ を "0" にしてデータの書込み，$\overline{WE}$ を "1" にしてデータの読取り動作を行うことができる．データのアクセス領域は 15 本のアドレス線（A0～14）で指定し，データの入出力は 8 本のデータ線（DQ1～8）を用いて行う．なお，実際には，図 7.10 に示すようにメモリセルは2次元に配置されているため，行と列の2方向からアドレスの指定を行っている．

メモリインタリーブ（memory interleave）**方式**は，メモリの連続するアドレスが順次アクセスされる確率が高いことを利用して，高速にデータを取り出す方法である．図 7.11 に示すように，連続するアドレスを複数（この例では2個）の IC メモリに交互に割り振っておく．そして，読取りアクセス①が生じた場合には，2個の IC メモリを同時にアクセスしてデータ A と B を**バンク**（bank）とよばれるバッファ領域に取り出す．続いてデータ B に対するアクセスが生じた場合には，IC メモリへアクセスすることなくバンクからデータ B を取り出すことができる．

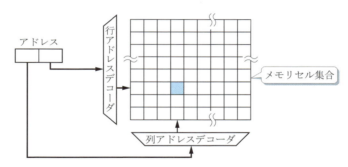

図 7.10 実際のメモリ構成

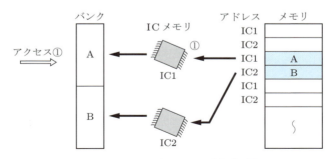

図 7.11 メモリインタリーブ方式の例

7.2.3 ROM

フラッシュメモリなど再書込み可能な ROM の実用化が進んでいるため，従来の定義「ROMは読取り専用のメモリ」が合致しなくなってきている．読取り専用のメモリには，メーカが製造時にデータを記憶して出荷する**マスク ROM** と，ユーザが一度だけデータを書き込むことのできる **PROM**（programmable ROM）がある．その他の ROM は，不揮発性でありながら再書込みが可能なメモリである．

（1）EPROM（erasable programmable ROM）

データの書込みは電気的に行い，消去には紫外線を用いる ROM である．図 7.12（a）にEPROM の外観例を示す．IC パッケージ上面にある小窓に紫外線を照射すると記憶内容を消去することができる．図 7.12（b）には，紫外線を照射する ROM イレイサ装置の外観例を示す．信頼性は高いが，取り扱いが不便で，コストが高いために現在ではほとんど使われていない．

（a）EPROM の外観例　　　（b）ROM イレイサ装置の外観例

図 7.12　EPROM

（2）EEPROM（electrically erasable programmable ROM）

電気的にデータの書込みと消去が行える ROM である．ここでは，**フラッシュメモリ**（flash memory）を取り上げて解説する．図 7.13（a）に示すように，フラッシュメモリの構造は，MOS 型 FET と似ているが，浮遊ゲートをもっている点が異なる．次に，**NAND 型**とよばれるフラッシュメモリの動作原理を説明する．

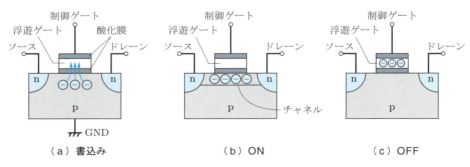

図 7.13　フラッシュメモリの原理

＜NAND 型フラッシュメモリの動作原理＞
- **書込み／消去**：図 7.13（a）のように，制御ゲートに 20 V 程度の電圧をかけると，p 領域にある電子が**トンネル効果**によって酸化膜を通過し，浮遊ゲート内に取り込まれる．一度取り込まれた電子は，電源を切っても 10 年程度以上保持される．この状態をデータが書き込まれた状態とする．データを消去するには，制御ゲートに逆向きの電圧をかけて，浮遊ゲート内に取り込まれた電子を放出する．書込みはページ，消去はブロックとよばれる複数のセル単位で行う．
- **読込み**：図 7.13（b）のように，浮遊ゲート内に電子がない場合には，p 領域にチャネルとよばれる電子の通路ができるため，ドレーン-ソース間に電流が流れる．しかし，図（c）のように，浮遊ゲート内に電子がある場合には，負電荷の反発によりチャネルが生じないため，ソース-ドレーン間に電流が流れない．このようにして，0 と 1 の状態を区別することができる．

フラッシュメモリは，1 個の素子で 1 セルを構成でき，リフレッシュ動作が不要なのが長所である．しかし，電子の通過によって酸化膜が劣化するために，10^4 回程度のデータ書き換えで寿命がくるといわれている．また，NAND 型は，セルを密に配置して配線することで大容量化を実現でき，シーケンシャルアクセスに適しているが，ランダムアクセスには時間がかかる．一方，**NOR** 型とよばれるフラッシュメモリは，配線が複雑になるために集積化が困難であり，電流の消費が大きいが，ランダムアクセスには向いている．このほか，低電圧で動作させることのできる **DINOR** 型や **AND** 型とよばれるフラッシュメモリも開発されている．

第 4 章で紹介した制御用シングルチップマイコン PIC16F84A や RX621 などには，ROM としてフラッシュメモリが内蔵されている．図 7.14 に，フラッシュメモリを利用した製品（補助記憶装置）の外観例を示す．また，**SSD**（solid state drive）とよばれる大容量のフラッシュメモリ装置は，ハードディスク装置の代替として普及している．図 7.15 に SSD の外観例を示す．

図 7.14　フラッシュメモリの外観例

（a）内蔵型

（b）ポータブル型

図 7.15　SSD の外観例

[写真提供：SanDisk. © Western Digital Corporation]

7.2　IC メモリ　73

7.3 補助記憶装置

補助記憶装置は，大容量のデータを長期間保存するメモリとして，各種の装置が実用化されている．図 7.14 には，フラッシュメモリを用いた補助記憶装置の外観例を示した．ここでは，補助記憶装置として，ハードディスク（hard disk）装置と光ディスク（optical disc）装置について解説する．

7.3.1 ハードディスク装置

ハードディスク（磁気ディスク）装置は，1956 年に IBM 社が開発した補助記憶装置である．以来，改良が進み，半世紀以上を経た今日でも記憶容量やアクセス速度，コストパフォーマンスなどの優れた補助記憶装置として，パソコンから大型コンピュータに至るまで，多くの機種で採用されている．ハードディスク装置は，磁性体を塗布した硬質（hard）の円盤（disk）を高速で回転させてデータの読み書きを行う（これが名称の由来である）．

図 7.16 に，磁性体にデータを記録する原理を示す．磁束を通しやすい強磁性体で作られたヘッド（head）の一部には，**ギャップ**（gap）という極めて小さな溝を作ってある．データの書込み時は，ヘッドに巻いてあるコイルに電流を流すことでヘッド内に磁束が生じる．磁束は，ギャップ付近で漏れ磁束となり，磁性体を磁化する．この磁化の向き（図では矢印で表している）は，コイルに流す電流の向きによって決まるので，それにより "0" と "1" を区別する．データの読取り時は，書込み時とは逆に磁性体からの漏れ磁束をヘッド内に取り込み，その磁束によって生じる電流を検出する．この電流の向きは，磁性体の磁化方向によって決まるため，それにより "0" と "1" を区別できる．図 7.16 のように，データを表す磁化の向きを磁性体に水平に記録する方式を**水平磁気記録方式**という．

水平磁気記録方式よりも，記録密度を高めるために，図 7.17 に示すように，磁化の向きを磁性体に垂直に記録する**垂直磁気記録方式**が実用化されている．垂直磁気記録方式は，水平磁気記録方式に比べて，磁性体表面の単位面積あたりのデータ数を増やすことができる．また，図 7.18 に示すように，水平磁気記録方式では，隣接する磁化の向きが異なる場合に磁界が弱まってしまう欠点がある．これは，2 個の磁石の同じ極性を向かい合わせた時に磁力が弱まるのと同様の現象である．しかし，垂直磁気記録方式では，磁界が弱まることはなく，むしろ強くなる．このため，高密度化により有利となる．

かつては，書込み用と読取り用に同じヘッドを兼用していた．しかし，データの高密度化に伴

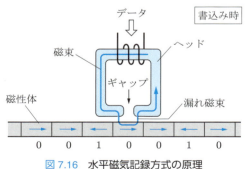

図 7.16 水平磁気記録方式の原理

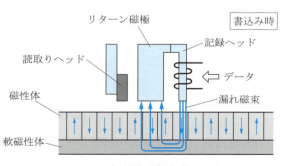

図 7.17 垂直磁気記録方式の原理

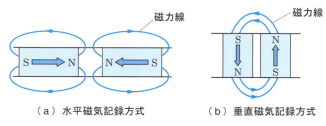

図 7.18　記録方式の違い

い，より微弱な磁束を読み取れるようにするため，書込み用と読取り用のヘッドを個別にするのが一般的となっている．書込み用には，コイルとギャップを有したヘッドが使われている．一方，読取り用ヘッドには，巨大磁気抵抗効果（giant magneto resistive）を利用した**GMR 素子**や，その改良型である**CPP**（current perpendicular to plane）**-GMR 素子**，スピン・トンネル効果を利用した**TMR**（tunneling magneto resistive）**素子**などがある．

上述のほか，磁性体の粒子を人工的に規則正しく並べることで記録密度を高める**パターンドメディア**（patterned media）とよばれる記録方式などの開発も進んでいる．

記録密度を高めるためには，ディスク面の 1 ビットあたりの磁性体部分を小さくする必要がある．しかし，それに伴って漏れ磁束は弱くなるため，ヘッドとディスク面の距離をできるだけ短くすることが要求される．ハードディスク装置では，ヘッドとディスク面の距離は，およそ 0.01 μm である（参考：髪の毛の直径は 60 μm 程度）．また，高速なアクセス動作を実現するために，ディスクを高速回転させ，その際にディスク表面とヘッドの間に入り込む気流によってヘッドを浮上させ，ディスクと非接触にしている．このため，ヘッドとディスク面にほこりなどが入り込んで，データの読み書きに支障が生じないように，ハードディスク装置は密閉構造となっている．万一，ヘッドがディスク面と接触すると，ディスク面に傷が付き故障の原因となるが，このトラブルを**クラッシュ**（clash）という．

図 7.19 に，ハードディスク装置内部の構造と外観例を示す．記憶容量を増やすために，複数のディスクを n 枚積み重ねて，$2n$ 個のヘッドを同時に駆動する．ディスク表面の同心円状の記憶領域を**トラック**（track）という．また，複数のディスクで同じ直径のトラックを円筒形に見立てたものを**シリンダ**（cylinder）という．

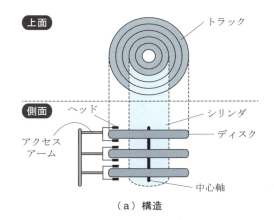
（a）構造

（b）外観例

図 7.19　ハードディスク装置内部

7.3　補助記憶装置　75

ハードディスク装置の記憶容量 V は，式 (7.1) で計算することができる．

$$V = VT \times TC \times CD \tag{7.1}$$

ただし，VT：記憶容量/トラック，TC：トラック数/シリンダ，CD：シリンダ数/ディスクとする．

表 7.3 に，パソコン用のハードディスク装置の規格例を示す．

図 7.20 に示すように，ハードディスク装置の機械的な動作時間には，ヘッドが目的のトラック上へ移動するのに要する**平均位置決め時間**（seek time）とアクセス対象の領域がヘッド下部に到達するまでの**平均回転待ち時間**（search time）が考えられる．

表 7.3　パソコン用のハードディスク装置　＊rpm と同じ

項　目		例
ディスクの直径	デスクトップ用	3.5 inch
	ノート用	2.5 inch
ディスクの回転速度		5400 〜 15000 min^{-1}*
データ転送速度		数千 MB/s
記憶容量		数百 GB 〜 数 TB
インタフェース規格		SAS，SATA

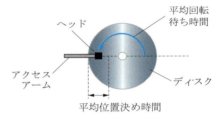

図 7.20　機械的な動作時間

平均回転待ち時間をディスクが半回転する時間と考えると，式 (7.2) のように計算できる．

$$平均回転待ち時間 [s] = \frac{60}{回転数 [\text{min}^{-1}]} \times \frac{1}{2} \tag{7.2}$$

また，**データ転送時間** t を式 (7.3) のように定義すれば，ハードディスクの**アクセス時間**は式 (7.4) で計算することができる．

$$データ転送時間\ t\,[s] = データ量\,[B] \div データ転送速度\,[B/s] \tag{7.3}$$

$$アクセス時間\,[s] = 平均位置決め時間\,[s] + 平均回転待ち時間\,[s] + t\,[s] \tag{7.4}$$

ハードディスク装置を最初に使用する際には，**フォーマット**（format）という初期化作業を行って，ディスク表面の記憶領域を設定する必要がある．フォーマットを行うと，図 7.21 に示すように，**トラック**と**セクタ**（sector）領域が決まる．

従来は，図 7.21 (a) のように外周と内周のセクタ数が同一であった．しかし，これでは，同じ量のデータを記憶する場合でも外周ほど記憶密度が低くなってしまう．したがって，現在では図 7.21 (b) に示したように，外周ほどセクタ数を多くして，より大量のデータを記憶できるようにしている．このように，セクタ数を可変にすると，記憶領域を指定する制御が複雑になってしまうため，ハードディスク装置内部でこの制御を行い，外部からは簡単にアクセスできるようにしている．

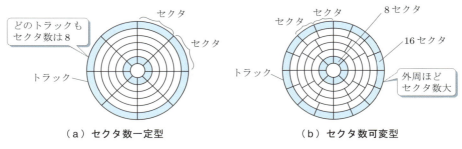

図7.21 ディスク表面のトラックとセクタ

7.3.2 光ディスク装置

光ディスク装置とは，レーザ光を用いてデータにアクセスする補助記憶装置の総称であり，CD（compact disc）装置，DVD（digital versatile disc）装置，BD（blu-ray disc）装置などが実用化されている．

(1) CD 装置

読取り専用の CD-ROM やユーザが一度だけデータを書き込める CD-R（CD-recordable），再書込み可能な CD-RW（CD-rewritable）などの規格がある．ここでは，CD-ROM 装置について解説する．

CD-ROM 装置は，直径 12 cm のプラスチック製ディスクを記憶媒体とした，およそ 700 MB の記憶容量をもつ補助記憶装置である．図 7.22（a）に示すように，ディスクにはらせん状のトラックがあり，トラックにはピット（pit）とよばれる溝が記録されている．図 7.22（b）に示すように，ディスク表面からレーザ光を照射すると，ピットのない部分（ランド：land という）では光検出器にレーザ光が多く反射してくるが，ピット部分では反射光が少なくなる．CD 装置では，これによりデータを判別している．

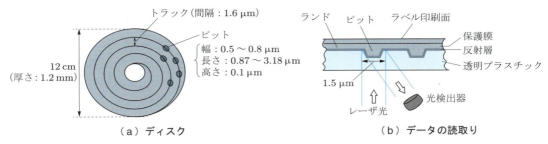

図 7.22 CD 装置の原理

ディスクは，図 7.23 に示すように，ピットの始まりと終わりを "1" に割り当てている．したがって，"1" が連続したデータの場合には，長さの短いピットが連続して記録されるため，読取りエラーが生じやすくなってしまう．このため，CD 装置では，8 ビットのデータを，"1" が連続しない 14 ビットのデータに変換してエラーを防いでいる．この方法を EFM（eight to fourteen modulation）という．表 7.4 に EFM による変換例を，図 7.24 に CD 装置の内部構造を示す．

CD-ROM 装置は，0.2 mW 程度の弱いレーザ光を用いてデータの読取りを行う．一方，CD-R

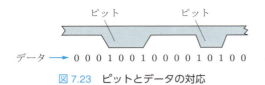

図 7.23 ピットとデータの対応

表 7.4 EFM による変換例

8 ビットデータ		14 ビットデータ			
0110	1010	1001	0001	0000	10
0110	1011	1000	1001	0000	10
0110	1100	0100	0001	0000	10

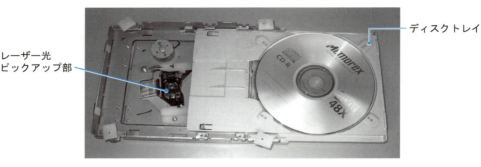

図 7.24 CD 装置の内部構造

装置では，データ書込み時に，これより強い 5 〜 8 mW のレーザ光を照射してディスクの有機色素でできた記憶層を加熱溶解し，隣接するポリカーボネート基板上にピットを形成する．これを **有機色素記録方式** という．

（2）DVD 装置

DVD 装置は，CD 装置と同様に DVD-ROM や DVD-R，DVD-RW，DVD+R，DVD+RW など各種の規格があり，基本原理も CD 装置と同じである．しかし，DVD 装置では，トラック間隔やピット長，レーザ光のスポット径などを小さくして高密度化を図り，4.7 GB 以上の記憶容量を実現している．また，DVD 装置は 8 ビットのデータを連続する 0 が最小 2 個，最大 10 個となる 16 ビットデータに変換する 8/16（2,10）**RLL**（run length limited code）とよばれる変調方式を採用している．

次に，DVD-RW 装置や CD-RW 装置，BD-RE 装置に多く採用されている **相変化記録方式**（phase change rewritable system）について解説する．

ディスク内の GeSbTe（ゲルマニウム・アンチモン・テルル）などで作られた記録層に強力なレーザ光を照射して 600℃ 以上に加熱すると分子が流動状態になる．ここで，レーザ光の照射を止めると急速に冷えて，分子がバラバラの状態で固まる．この状態を，**アモルファス**（非結晶：amorphous）という．

また，レーザ光の強度を弱くして，記憶層を 400℃ 程度まで加熱してから冷やすと，分子が整列した **クリスタル**（crystal，結晶）状態となる．つまり，データの書込み時に照射するレーザ光の強さを制御することで，アモルファスとクリスタルの部分を作り分けることが可能となる．

データの読取り時には，弱いレーザ光を照射するが，アモルファスとクリスタルの部分で光の反射率が異なるため，データの "0" と "1" を判別することができる．

（3）BD 装置

BD 装置は，高解像度テレビジョン（HDTV：high definition television，通称はハイビジョン）

放送の録画要求を背景に開発された光ディスクであるが，コンピュータのデータ記憶装置としても広く使用されている．**ブルーレイ**とよばれるのは，青色のレーザ光を用いるためである．たとえば，HDTV 放送の録画は，4.7 GB の DVD で約 25 分しかできないが，25 GB の BD なら約 2 時間 10 分可能である．再生専用の BD-ROM，追記可能な BD-R，書き換え可能な BD-RE などの種類があり，基本的な原理は CD 装置や DVD 装置と同様である．しかし，BD 装置では，レーザ光のスポット径やトラック間隔などを DVD 装置よりもさらに小さくして，大容量化を実現している．表 7.5 に，光ディスク装置の比較を示す．

表 7.5　光ディスク装置の比較

項　目	CD 装置	DVD 装置	BD 装置
レーザ光の波長	780 nm（赤外線）	650 nm（赤色）	405 nm（青紫色）
レーザ光のスポット	径 1.5 μm	0.86 μm	0.38 μm
トラック間隔	1.6 μm	0.74 μm	0.32 μm
最小ピット長	0.87 μm	0.4 μm	0.138 μm
記憶面	片面	片面，多層	片面，多層
記憶容量	700 MB 程度	4.7 GB 以上	25 GB 以上
変調方式	EFM（2,10）*	8/16 ** RLL（2, 10）	2/3 RLL（1, 7）

* (k, l)：連続する 0 が最小 k 個，最大 l 個　　** m/n：m ビットを n ビットに変換

演習問題

7-1　メモリ装置を分類する場合の項目について説明しなさい．

7-2　メモリ装置の階層において，トレードオフとなる項目は何か．

7-3　RAM におけるリフレッシュ操作とは何か説明しなさい．

7-4　MOS 型の SRAM と DRAM の特徴を比較しなさい．

7-5　メモリインタリーブ方式について説明しなさい．

7-6　NAND 型と NOR 型のフラッシュメモリを高密度化とアクセス方式の観点から比較しなさい．

7-7　表 7.6 に示すハードディスク装置の記憶容量を計算しなさい．

7-8　表 7.7 に示すハードディスク装置において，500 kB のデータを読み取るのに必要なアクセス時間を計算しなさい．

表 7.6

項　目	仕　様
記憶容量/トラック	300 kB
トラック数/シリンダ	20
シリンダ数/ディスク	5000

表 7.7

項　目	仕　様
平均位置決め時間	5 ms
回転数	7200 min^{-1}*
記憶容量/トラック	300 kB

* rpm と同じ

7-9　セクタ数可変型のハードディスク装置では，ディスクのセクタ数を外周ほど多くしている．この理由を説明しなさい．

7-10　CD 装置における EFM 方式の原理と，なぜこのような方式を用いる必要があるか説明しなさい．

7-11　CD-R 装置や DVD-R 装置，BD-R 装置におけるデータ書込み方法を説明しなさい．

7-12　相変化記録方式において，記憶層にアモルファス状態やクリスタル状態を作り出す原理を説明しなさい．

7-13　BD 装置が DVD 装置に比べて大きな記憶容量を実現するために，どのような工夫をしているのか説明しなさい．

8 キャッシュメモリと仮想メモリ

ねらい この章では，高速化を目的とするキャッシュメモリおよび，メモリの仮想的な大容量化を目的とする仮想メモリのしくみについて学ぼう．メモリの参照局所性，一致性問題，マッピングなどがキーワードとなる．

8.1 キャッシュメモリアーキテクチャ

キャッシュ（cache）には，「隠し場所」という意味がある．**キャッシュメモリ**は，CPU と主記憶装置（メインメモリ）の間，または CPU に内蔵された比較的小規模なメモリであり，アクセスの高速化に貢献している．

8.1.1 キャッシュメモリとは

CPU の演算速度は高速化が進み，たとえば 3 GHz 以上のクロックで動作する CPU も実用化されている．一方，CPU と頻繁にデータのやり取りを行う主記憶装置の動作速度（数十 ns 程度）は，CPU 程の高速化が実現されていない．したがって，主記憶装置の動作時間がシステム全体の高速化にマイナスの影響を与えている．大容量化の進む主記憶装置に，より高速な IC メモリを採用することは，速度とコストのトレードオフであり限界がある．

実行中のプログラムが主記憶装置にアクセスする場合には，空間的・時間的な**参照局所性**（referential locality）がある．

- **メモリの空間的参照局所性**：一度アクセスされたアドレスに近いアドレスは，近い時間内にアクセスされる可能性が高い．

- **メモリの時間的参照局所性**：一度アクセスされたアドレスは，近い時間内に再びアクセスされる可能性が高い．

これらの参照局所性は，命令が主記憶装置に実行順に格納されていることや，ループ処理の実行などを考えれば納得できるであろう．

キャッシュメモリは，CPU と主記憶装置の間に配置する小容量ながら高速の半導体メモリであり，メモリの参照局所性を利用したアクセスの**高速化**を目標としている．図 8.1 に，キャッシュメモリの原理を示す．

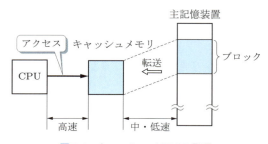

図 8.1 キャッシュメモリの原理

CPU が主記憶装置にアクセスする場合に，そのアドレス付近の格納データをブロック単位でキャッシュメモリに転送しておく．CPU が次にアクセス動作を行う場合には，はじめにキャッシュメモリにアクセスし，そこに必要なデータがあれば主記憶装置にアクセスしない．もし，キャッシュメモリに必要なデータがない場合には主記憶装置にアクセスするのと同時に，キャッシュメモリの内容をアクセスしたアドレス付近のデータブロックに置き換える．

　キャッシュメモリに必要なデータが存在する確率を**ヒット率**（hit ratio），存在しない確率を**ミスヒット率**（miss-hit ratio）という．**メモリの参照局所性**により，キャッシュメモリのヒット率は高いことが予想されるため，CPU とキャッシュメモリ間の高速なアクセスを高い確率で実現することが可能となる．

　キャッシュメモリを使用することで期待できる有効アクセス時間 T_e は，キャッシュメモリのアクセス時間：T_c，主記憶装置へのアクセス時間：T_m，ヒット率：P_h，ミスヒット率：$P_m = 1 - P_h$ とすると，式 (8.1) で表すことができる．

$$T_e = P_h \times T_c + (1 - P_h) \times T_m \tag{8.1}$$

　たとえば，$T_c = 5$ ns，$T_m = 30$ ns（T_c の 6 倍），$P_h = 95\%$ と仮定すれば，式 (8.1) より，$T_e = 6.25$ ns となり，有効アクセス時間 T_e はキャッシュメモリのアクセス時間 T_c に近くなる．したがって，高価な高速メモリを小容量配置した場合であっても，ヒット率を高くすれば有効アクセス時間を短縮することができる．

　キャッシュメモリの効果は非常に大きいことから，内部にキャッシュメモリを内蔵した CPU も多い（p.22．図 2.18）．また，キャッシュメモリを複数段で構成してより高いコストパフォーマンスを実現する方法も一般的になっている．この場合には，図 8.2 に示すように，CPU に近いものから，**1 次キャッシュメモリ**，**2 次キャッシュメモリ**などとよぶ．

　1 次キャッシュメモリでは数十 B 〜 数百 kB，2 次キャッシュメモリでは数百 kB 〜 数 MB の SRAM 高速メモリが使用されることが多い．

　また，命令用とデータ用のキャッシュメモリを分離する構成を**ハーバードアーキテクチャ**とよぶ場合があることは，p.34 〜 p.35 で説明したとおりである．

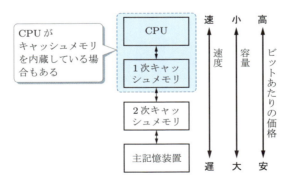

図 8.2　複数段のキャッシュメモリの構成例

8.1　キャッシュメモリアーキテクチャ

8.1.2 マッピング方式

主記憶装置とキャッシュメモリのデータの対応を**マッピング**といい，次の3種類の方式がある．

（1）ダイレクトマッピング（direct mapping）方式

図8.3に示すように，キャッシュメモリの特定ブロックに格納される主記憶装置のブロックを決めておく方式である．図8.3の例では，キャッシュメモリの最上段にあるブロックには，主記憶装置のa, b, cいずれかのブロックが転送される．

転送元と転送先のブロックが固定されているので，簡単なハードウェアで実現できる．しかし，主記憶装置の同じグループ内の異なるブロック（たとえば，ブロックa，ブロックb，ブロックc）に対して頻繁にアクセスが生じる場合には，キャッシュメモリの内容を変更する回数が増加するために，アクセス速度が遅くなってしまう．

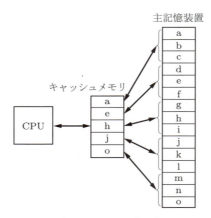

図8.3 ダイレクトマッピング方式の例

（2）フルアソシアティブマッピング（full associative mapping）方式

図8.4に示すように，キャッシュメモリのどのブロックに対しても，主記憶装置の任意のブロックが転送できる方式である．この方式は，転送の自由度は増えるが，ハードウェアは複雑になってしまう．

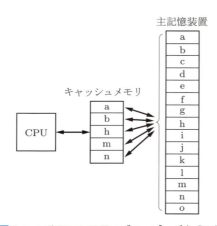

図8.4 フルアソシアティブマッピング方式の例

（3）セットアソシアティブマッピング（set associative mapping）方式

図 8.5 に示すように，キャッシュメモリのブロックをグループ化しておき，そこに転送できる主記憶装置のブロックもグループ化しておく方式である．つまり，ダイレクトマッピング方式とフルアソシアティブマッピング方式の双方を取り入れたようなマッピング方式である．ハードウェアの複雑さとデータ転送の自由度のトレードオフの観点から，多くのコンピュータで採用されている．

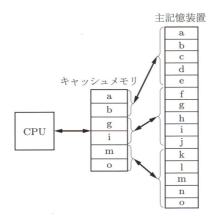

図 8.5　セットアソシアティブマッピング方式の例

フルアソシアティブマッピング方式やセットアソシアティブマッピング方式では，キャッシュメモリのブロックを入れ替える必要が生じた場合，キャッシュメモリのどのブロックを追い出すかを決めなければならない．たとえば，図 8.5 に示したセットアソシアティブマッピング方式の例においては，主記憶装置のブロック c をキャッシュメモリに転送する必要が生じた場合，現在キャッシュメモリに格納されているブロック a またはブロック b のいずれかを追い出さなければならない．

追い出すブロックを決めるには，次のような方法がある．

- ランダム（random）法：追い出すブロックをランダムに決める．
- FIFO（first in first out）法：キャッシュメモリにもっとも長く存在するブロックから追い出す．
- LRU（least recently used）法：もっとも長い時間アクセスされることのなかったブロックを追い出す．

一般的には，LRU 法が用いられることが多い．

8.1.3　主記憶装置への転送方式

CPU からキャッシュメモリへのアクセスには，読取り処理だけではなく，書込み処理もある．キャッシュメモリへの書込み処理が行われた場合には，そのままではキャッシュメモリと主記憶装置にデータの不一致が生じてしまう．この問題を**キャッシュメモリの一致性問題**（cache memory coherency problem）という．キャッシュメモリの一致性問題を解消するためには，書込みによって変更されたキャッシュメモリのブロックを主記憶装置へ転送する必要があり，この転送のタイミングには次の 2 種類の方式がある．

（1）ライトスルー（write through）方式

図 8.6 に示すように，キャッシュメモリへの書込みが生じた際には，それと同時に主記憶装置も更新する方式である．この方式では，常にキャッシュメモリと主記憶装置の内容は同じであるために，キャッシュメモリの一致性問題を回避することができる．また，制御は簡単であるが，データの書込み処理時は主記憶装置をアクセスするために，高速アクセスは実現しない．

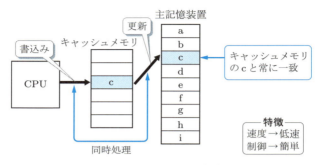

図 8.6　ライトスルー方式

（2）ライトバック（write back）方式

図 8.7 に示すように，キャッシュメモリへの書込みが生じた場合でも，すぐには主記憶装置への転送処理を行わない方式である．キャッシュメモリのブロックが追い出されることになったときに，主記憶装置への転送を行う．この方式は，キャッシュメモリのブロックが追い出されるまでの間はキャッシュメモリの一致性問題を抱えることになる．また，ライトスルー方式に比べると制御が複雑になる．しかし，キャッシュメモリによるアクセスの高速化は実現することができるため，多くのコンピュータで採用されている．

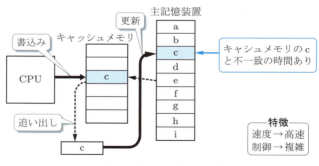

図 8.7　ライトバック方式

8.2　仮想メモリアーキテクチャ

前に学んだキャッシュメモリは，メモリアクセスを高速化するための技術であった．ここでは，主記憶装置の記憶容量を仮想的に増大させる**仮想メモリ**（virtual memory）アーキテクチャについて解説する．

8.2.1 仮想メモリとは

コンピュータでは，複数のソフトウェアをあたかも同時に動作させているような感覚で操作すること（**マルチタスク処理**：p.122）が可能である．一方，コンピュータでソフトウェアを実行する場合には，そのプログラムを主記憶装置に格納しておくことが必要条件となる．したがって，複数のソフトウェアを同時に操作する際には，すべてのプログラムを主記憶装置に格納しておく必要がある．さらに，ソフトウェアの高性能化により，そのプログラムサイズは増加する傾向にある．ICメモリ技術の発展によって主記憶装置の大容量化が進んでいるが，他方では主記憶装置として必要とされる容量も増加しているのである．このため，主記憶装置を仮想的に増大させる仮想メモリの技術が用いられている．

図8.8に，仮想メモリの原理を示す．実装されている主記憶装置は実メモリ空間として**実アドレス**（物理アドレス）が割り振られている．実行するソフトウェアのプログラム全体は，仮想メモリ空間に格納され，そこに割り振られた**仮想アドレス**（論理アドレス）を参照する．

仮想メモリ空間は，補助記憶装置（ハードディスク装置など）上に構成された空間であるために，実メモリ空間に比べて非常に大きく設定することが可能である．しかし，そのままではCPUが補助記憶装置にアクセスすることになり，低速になってしまう．そこで，**メモリの参照局所性**（p.80）を活用して，アクセスする可能性の高い仮想アドレス付近のブロック領域を実メモリ空間（主記憶装置）に割り当てる．そして，仮想メモリ空間（補助記憶装置）とそれよりはるかに小容量である実メモリ空間（主記憶装置）とのブロックの入れ替え処理を効果的に行うことを考える．つまり，仮想アドレスを実アドレスに対応させる**マッピング操作**を行うことによって，アクセス速度を大きく低下させることなく，あたかも大容量の主記憶装置を備えているかのような仮想メモリ空間へのアクセスが可能となる．

仮想メモリの考え方は，**キャッシュメモリ**に似ている部分もあるが，表8.1に示すような相違点がある．

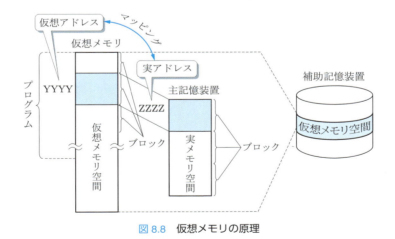

図8.8 仮想メモリの原理

表8.1 仮想メモリとキャッシュメモリ

比較項目	仮想メモリ	キャッシュメモリ
目的	主記憶領域の増大化（空間的）	アクセスの高速化（時間的）
ブロックサイズ	大きい（512〜8192 B 程度）	小さい（4〜128 B 程度）
主記憶装置との転送速度	対象が補助記憶装置であるため低速	対象がキャッシュメモリであるため高速
制御方法	OS 主体（高速性をさほど重視しない）	ハードウェア主体（高速性を重視）

8.2.2 分割方式

仮想メモリ空間と実メモリ空間とのデータ転送は，ブロック単位で行われる．ブロックサイズの決め方には，次のような方式がある．

(1) ページング（paging）方式

図 8.9 に示すように，ブロックサイズをある一定の大きさに決める方式である．この方式を採用した場合にはブロックを**ページ**（page）とよび，一般的には 1 ページを 4 kB 程度のサイズにすることが多い．ページ内に無駄な領域ができることがある（**インターナルフラグメンテーション**：internal fragmentation という）が，ページサイズの決め方により補助記憶装置とのデータ転送時間を適切に定めることができるので，主流となっている方式である．

アクセスした仮想アドレスに対応する仮想メモリ空間内のページが実メモリ空間に割り当てられていないときには**ページフォルト**（page fault）が生じるため，補助記憶装置（仮想メモリ空間）のページを主記憶装置（実メモリ空間）に転送して割り当てを行う．主記憶装置にページを割り当てる領域がない場合には，主記憶装置からページの追い出しを行う必要が生じる．このとき，追い出すページを決める方法には，キャッシュメモリの場合（p.83）と同様の考え方がある．

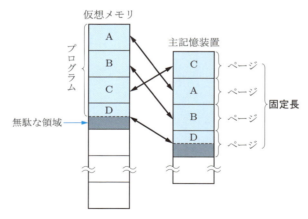

図 8.9 ページング方式

(2) セグメンテーション（segmentation）方式

図 8.10 に示すように，プログラムの論理的な区切り（コード部とデータ部など）によってブロックサイズを決める方式である．この方式を採用した場合にはブロックを**セグメント**（segment）とよぶ．各セグメントのサイズは定められた上限内で可変長となるため，主記憶装

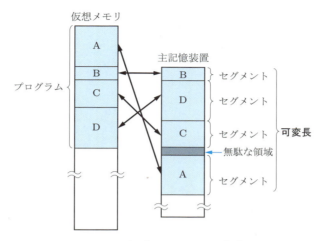

図 8.10 セグメンテーション方式

置との転送を繰り返していると，主記憶装置内に無駄な領域が生じる（**エクスターナルフラグメンテーション**：external fragmentation という）．したがって，主記憶装置を効果的に使用するために，主記憶装置内のセグメントを移動して間隔を詰めるか，適当なセグメントを補助記憶装置に追い出す処理が必要となる．この処理をうまく行えない場合には，主記憶装置の空きを待っているセグメントどうしが競合して実行が進まない**デッドロック**（deadlock）状態に陥ってしまう．また，小さいサイズのセグメントが多く存在する場合には，補助記憶装置との転送時間が相対的に増加してしまうことがある．

このほか，セグメント内をさらにページに分割するページセグメンテーション方式などがある．

8.2.3 マッピング方式

仮想アドレスを実アドレスに対応させる**マッピング**（アドレス変換）について考えよう．図 8.11 に示すように，ページング方式において 32 ビットの仮想アドレスを 16 ビットの実アドレスにマッピングする場合を例にあげる．

ページテーブル（page table）は，図 8.12 に示すように，仮想メモリ空間のページの参照回数など（α ビット）や，仮想メモリ空間のページを実メモリ空間のページに対応させる情報が記録された表である．参照回数は，主記憶装置からページを追い出す場合に使用する．

図 8.11 において，仮想アドレスの上位 22 ビットでページテーブルを参照し，それに対応する実アドレスのページの先頭アドレス 6 ビットを決める．そして，仮想アドレスの下位 10 ビット（オフセット）により実アドレスのページ内アドレスを決めている．このように，一つのページテーブルを参照する方式を **1 レベルのマッピング**という．

この例では，ページテーブルは，アドレスだけで 2^{22} = 4M ものサイズになってしまうため，主記憶装置に格納するには大きすぎる．また，補助記憶装置に格納した場合にはアクセスに時間を要してしまう．そこで，高速な半導体メモリを用いて **TLB**（translation look-aside buffer）とよばれる表を用意しておく方法がある（図 8.11 の破線内）．この方法では，TLB に過去に参照した仮想アドレスのページ番号と，それに対応する実アドレスを記憶させておく．そして，マッピ

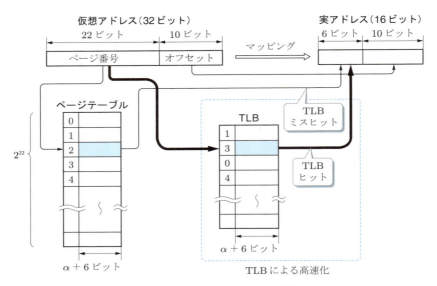

図 8.11　1 レベルのマッピング例

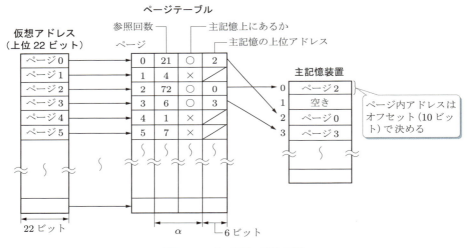

図 8.12　ページテーブルの例

ング処理では，仮想アドレスの上位 22 ビットで，はじめに TLB を参照する．したがって，該当するページ番号が TLB に記憶されていれば，すなわち，TLB ヒットの場合には高速なマッピングができる．もし，TLB ミスヒットであれば，補助記憶装置などに格納してあるページテーブルを参照する．

このように，TLB は，一般のメモリのように 0 番地から順次にアドレスが割り振られているわけではなく，ある仮想アドレスのページ番号が記憶されているかどうかを検索することによって対応データが決まる．したがって，TLB は，**連想メモリ**（associative memory）または **CAM**（contents addressable memory）ともよばれる．TLB は，キャッシュメモリの一種であると考えることができ，実際のシステムでのミスヒットは 1% 以下であることが多い．

88　第 8 章　キャッシュメモリと仮想メモリ

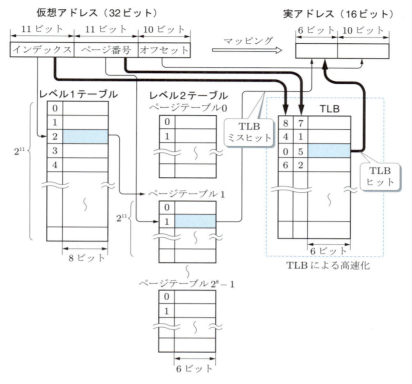

図 8.13 2レベルのマッピング例

図 8.13 には，ページテーブルを2段階で参照する2レベルのマッピング方式の例を示す（αビットの表記は省略している）．仮想アドレスの上位22ビットを2分割して，より上位の11ビット（インデックス）でレベル1テーブルを参照し，それに対応するレベル2テーブルを決める．このレベル2テーブルがページテーブルに相当するため，仮想アドレスのページ番号11ビット部で，選ばれているページテーブルを参照し，実アドレスの上位6ビットを決定する．

そして，仮想アドレスの下位10ビット（オフセット）により実アドレスのページ内アドレスを決めている．この例では，2^{11} 通り（2k 通り）のアドレスをもつレベル1テーブルを1個，2^{11} 通り（2k 通り）のアドレスをもつページテーブルを 2^8 個（256個）必要とする．

1レベルのマッピングと比較すると，テーブルを2回参照する必要がある．しかし，実際に参照される可能性の高いページは，レベル2テーブル（ページマップテーブル）の一部であるため，それらのページを主記憶装置に格納しておけば，小さい記憶領域で高速な仮想メモリを構成できる．このため，多くのコンピュータが，2レベルのマッピング方式を採用している．

また，1レベルのマッピングと同様に，2レベルのマッピングにおいても TLB を導入すれば，より高速な仮想メモリを実現することができる（図 8.13 の破線内）．この場合は，最初に仮想アドレスの上位22ビットで TLB を参照し，TLB ミスヒットが起こった場合のみレベル1テーブルとレベル2テーブルを参照すればよい．

このほか，3レベルのマッピング機能をもったコンピュータもある．

演習問題

8-1　メモリの参照局所性について説明しなさい.

8-2　キャッシュメモリにおいて，キャッシュメモリのアクセス時間が 4 ns，主記憶装置のアクセス時間が 20 ns，キャッシュメモリのヒット率が 96 ％であるときに，期待できる有効アクセス時間を計算しなさい.

8-3　キャッシュメモリにおいては，1 次と 2 次のキャッシュメモリを用いて 2 段のシステムを構成する場合がある．この理由を説明しなさい.

8-4　キャッシュメモリのセットアソシアティブマッピング方式が多くのコンピュータで採用されている理由を説明しなさい.

8-5　キャッシュメモリからのブロック追い出し処理は，どのようなときに行われるか．また，LRU 法について説明しなさい.

8-6　キャッシュメモリにおける，メモリの一致性問題とは何か説明しなさい.

8-7　キャッシュメモリにおける，ライトスルー方式とライトバック方式を比較して，それぞれの長所と短所を説明しなさい.

8-8　キャッシュメモリと仮想メモリについて，それぞれのおもな目的について説明しなさい.

8-9　仮想メモリにおけるマッピングとは何か説明しなさい.

8-10　仮想メモリにおける，メモリの一致性問題について説明しなさい.

8-11　仮想メモリにおける，インターナルフラグメンテーションとエクスターナルフラグメンテーションについて説明しなさい.

8-12　仮想メモリに使用される TLB とは何か説明しなさい.

8-13　TLB が連想メモリとよばれる理由を説明しなさい.

8-14　仮想メモリでは，OS が主体となってその制御を行っている．この理由について説明しなさい.

90　第 8 章　キャッシュメモリと仮想メモリ

9 割込みアーキテクチャ

ねらい この章では，割込みのしくみや分類について学ぼう．とくに，割込み処理が実行される場合の制御の流れを説明できるように学習しよう．また，ウォッチドッグタイマの目的と原理などについても理解しよう．

9.1 割込みの概要

割込み（interrupt）は，CPU の備えている重要な機能の一つである．ここでは，割込みの概念や種類について解説する．

9.1.1 割込みとは

実行中の処理を一度停止して，ほかの処理を行った後に再開する機能を割込みという．図 9.1 に示すように，**通常ルーチン**を処理している際に割込みが発生すると，実行していた通常ルーチンを中断して**割込みルーチン**へ分岐する．そして，割込みルーチンの実行が終了した後に元の通常ルーチンへ復帰する．したがって，通常ルーチンは中断するものの，結果としては通常ルーチンと割込みルーチンが並行して実行されたように見える．

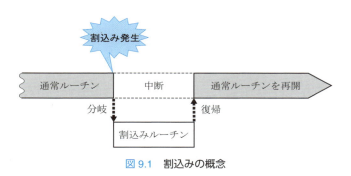

図 9.1　割込みの概念

9.1.2 割込みの分類

割込みは，表 9.1 に示すように，内部割込み，外部割込みに分類することができる．

（1）内部割込み

ソフトウェア割込みともよばれ，プログラム中で**明示的**（意図的）または**暗黙的**（非意図的）に処理される割込みである．明示的なものを**トラップ**（trap），暗黙的なものを**例外**（exception）ともいう．いずれも機械語命令に同期して発生する割込みである．

トラップは，ユーザプログラムから OS を呼び出して制御を行う**スーパーバイザコール**（SVC：supervisor call）命令や，プログラムの中断を OS に知らせる**ブレークポイント**（break point）命令などの実行によって，割込みを発生する．プログラムに記述した命令によって分岐を行うという観点からは，**サブルーチン**の動作と同じである．しかし，サブルーチンがユーザプログラムの範囲内で動作するのに対し，トラップは OS レベルの制御（特権命令の実行）を行える点が異

表 9.1 割込みの分類

種　類		原因例	機械語命令
内部割込み	トラップ（明示的）	スーパーバイザコール命令 ブレークポイント命令	同　期
	例外（暗黙的）	演算オーバフロー アドレスエラー ページフォルト メモリ保護違反 未定義命令	同　期
外部割込み		入出力装置 タイマ ハードウェア障害	非同期

なる.

　例外は，ゼロ除算，未定義命令，ユーザモードにおいて特権命令などを実行しようとした場合に発生する割込みである.

（2）外部割込み

　ハードウェア割込みともよばれ，入出力装置からの動作完了信号やタイマからの一定時間経過信号などによって発生する割込みである．機械語命令とは非同期に発生する．また，ハードウェアが故障した場合なども，外部割込みとして処理することが多い.

　内部割込みと外部割込みは，割込みルーチンを処理した後に，通常ルーチンへ復帰するのが基本である．しかし，復帰しても通常処理の再開が期待できない場合などは，復帰せずにそのままコンピュータの動作を停止することがある．これを**アボート**（abort）という.

　割込みには，受付を禁止できない**ノンマスカブル割込み**（NMI：non maskable interrupt）と，禁止できる**マスカブル割込み**（MI：maskable interrupt）がある．ハードウェア障害など，優先度の高い割込みについてはノンマスカブル割込みを使用する必要がある．ノンマスカブル割込みは，実行していたルーチンを終了したり，コンピュータに**リセット**（reset）をかけたりする使用法が基本となる.

　リセットは，実行中のルーチンを強制的に終了し，コンピュータを初期状態に戻す機能である．リセット後は，実行していたルーチンに復帰しないが，割込みの一種だと考えることもできる．ハードウェア的にリセットをかけるには，CPU のリセット端子に有効な信号を入力する.

9.1.3　割込みベクタ

　割込みが発生すると，通常ルーチンから割込みルーチンへ分岐するが，この場合の分岐先を示すデータを**割込みベクタ**（interrupt vector）という．たとえば，図 9.2 に示すように，割込みベクタが示すアドレスに格納された分岐命令によって，割込みルーチンへ分岐する．割込みベクタで指定される割込みルーチンのことを**割込みハンドラ**（interrupt handler）ともいう.

　割込みベクタは，CPU によって，ユーザが設定を行える場合と，あらかじめ決められている場合がある．また，複数の割込みを受け付けられる CPU では，**割込みベクタテーブル**を備えており，発生した割込みに対応する割込みルーチンへ分岐するようになっている（p.93，表 9.2）.

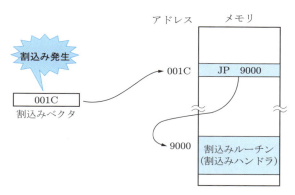

図 9.2 割込みベクタによる分岐例

9.2 割込みの動作

ここでは，割込みについての基本動作などを解説する．また，外部割込みの具体例を示すので，割込みアーキテクチャの実際について理解されたい．

9.2.1 割込み処理の流れ

制御用 CISC の例として紹介したシングルチップマイコン RX621（p.38, 図 4.6）を取り上げて，外部割込みの流れを見てみよう．RX621 には，1 本のノンマスカブル割込みピン NMI と，16 本のマスカブル割込みピン IRQ0 ～ IRQ15 が用意されている．RX621 は，CPU 内にある割込みテーブルレジスタ INTB を用いて，マスカブル割込み用の割込みベクタテーブルをユーザが設定できる．表 9.2 に，割込みに対応する割込みベクタテーブルの設定例を示す．

表 9.2 RX621 の割込みベクタテーブルの設定例（一部）

種　類	割込みベクタ
NMI	FFFFFFF8H（固定）
IRQ0	00FF0100H
IRQ1	00FF0104H
IRQ2	00FF0108H
IRQ3	00FF010CH
IRQ4	00FF0110H
IRQ5	00FF0014H

割込み処理を行う場合には，プログラムでプロセッサステータスワード PSW の割込みマスクビット I を 1 にセットする．I を 0 にリセットすると NMI 以外の割込みは禁止される．そして，マスカブル割込み IRQ については，図 9.3 に示す割込み要求許可レジスタ IER で割込みの禁止／許可の設定を行う．割込み要求レジスタは一般に，割込みイネーブルレジスタともいう．また，IRQ コントロールレジスタによって，割込み信号受付のタイミング（Low，立下りエッジ，立上りエッジ，両エッジ）を設定することもできる．

たとえば，割込みを許可されたマスカブル割込み IRQ0 を考えよう．図 9.4 に，ピン IRQ0 に割込み信号が入力された場合の割込み処理の流れを示す．

図 9.3　割込み要求許可レジスタ IER

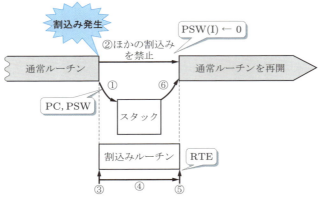

図 9.4　マスカブル割込み処理の流れ

■ マスカブル割込み処理の流れ

① プログラムカウンタ PC とプロセッサステータスワード PSW（フラグレジスタを含む）の値をスタックに待避する．汎用レジスタのデータは，必要に応じてユーザが待避させる．
② PSW の割込みビット I を 0 にリセットし，ほかの割込み受付を禁止する．
③ 割込みベクタテーブルによるアドレスへ分岐する．表 9.2 の設定例の場合，ピン IRQ0 による割込みでは，アドレス 00FF0100H へ分岐する．
④ 割込みルーチンを実行する．
⑤ 復帰命令 RTE の実行により復帰処理を開始する（サブルーチンからの復帰命令 RTS とは異なることに注意）．
⑥ 待避してある PC と PSW の値をスタックから復元して通常ルーチンを再開する．

また，割込みルーチンを実行している場合には，原則としてほかの割込み受付を禁止するが，より優先度の高い割込み（NMI やリセット）が発生した場合には，それを受け付ける必要がある．このように，優先度によってはほかの割込みを受け付けることを**多重レベルの割込み処理**という．RX621 では，割込みを制御している割込みコントローラ内のレジスタによって，16 レベルの優先順位を設定することができる．

このほか，RX621 では，内部割込みの無条件トラップ命令として INT 命令や BRK 命令が備わっている．

9.2.2　割込み受付のタイミング

図 9.5 に，通常ルーチンを実行しているときに割込みが発生した場合の受付のタイミング例を示す．一般的には，割込みが発生した時点で処理していた機械語命令の実行を終えてから割込みの受付を行う．したがって，割込みの発生から受付までに待ち時間を生じる．しかし，RISC とは異なり，CISC では 1 命令に要するクロック数が多いため，実行時間が長くなる場合がある．

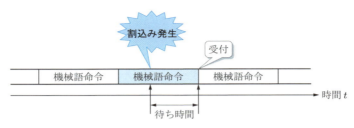

図 9.5　割込み受付のタイミング例

このため，実行時間の長い命令に対しては，その命令の実行を中断してすぐに割込みを受け付けるCPUもある．この場合には，割込みルーチンのからの復帰後には，中断した命令を再び実行することになる．

9.2.3　割込み信号の検出

図 9.6 に，4種類の割込み信号検出回路の構成例を示す．

割込み信号レジスタには割込み信号，**割込みイネーブルレジスタ**には割込みの禁止／許可を設定する．**プライオリティエンコーダ**（priority encoder）は，割込みの優先度を判定して適切な割込みベクタを指示する機能である．

割込みには緊急性が要求されることが多いので，図 9.6 のようにハードウェアで検出するのが一般的である．しかし，簡単なハードウェア構成を目指すRISCでは，割込みの検出をソフトウェア（OS）で行う場合もある．

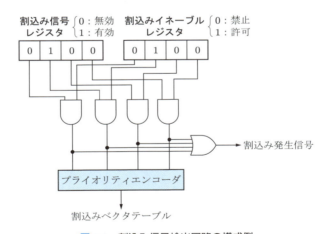

図 9.6　割込み信号検出回路の構成例

9.2.4　ウォッチドッグタイマ

ウォッチドッグタイマ（WDT：watchdog timer）は，プログラムが暴走している場合にリセットを発生させる機能である．watchdogとは，番犬という意味をもつ．図 9.7 に，WDTを用いた暴走監視の流れを示す．

プログラムが正常に実行されている場合，プログラムカウンタPCはメモリのプログラムが格納されているアドレスを示している．しかし，何らかのトラブルが発生してPCの値が無意味な

9.2　割込みの動作　　95

アドレスになってしまうと，プログラムの制御は不能（暴走）となる．WDT は，設定したカウントを終了するとシステムをリセットする働きがある．したがって，WDT を起動しておき，カウントが終了する前に，WDT をクリアすることを繰り返す．WDT のクリアが正常に行われていれば，システムはリセットされることはないが，プログラムが暴走すると WDT のクリアが行われないので，カウントが終了すると同時に**リセット**が実行される．

WDT は，組込みシステム（embedded system）用のマイコンに内蔵されていることが多い．

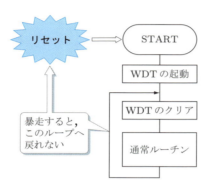

図 9.7　WDT による暴走監視の流れ

演習問題

9-1　内部割込みにおける，トラップと例外の違いについて説明しなさい．
9-2　サブルーチンとトラップの違いについて説明しなさい．
9-3　アボートとはどのような動作か説明しなさい．
9-4　プログラム中で，除数を 0 とした除算を行おうとした際に割込みが発生した．これは何という割込みに該当するか答えなさい．
9-5　リセットの優先度について説明しなさい．
9-6　次の用語について簡単に説明しなさい．
　　① 割込みベクタ　　② 割込みベクタテーブル　　③ 割込みハンドラ
9-7　ノンマスカブル割込みとマスカブル割込みの相違点について説明しなさい．
9-8　割込みが発生してから受け付けられるまでの，待ち時間について説明しなさい．
9-9　図 9.8 は，割込み処理の流れを示したものである．①から⑥の動作について説明しなさい．
9-10　割込み検出回路におけるプライオリティエンコーダの働きについて説明しなさい．
9-11　ウォッチドッグタイマの機能について説明しなさい．

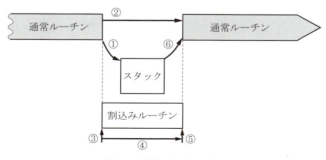

図 9.8　割込み処理の流れ

10 パイプラインアーキテクチャ

ねらい この章では，高速化の手法であるパイプライン処理の基本動作について学ぼう．また，パイプライン処理が停滞してしまう原因となるハザードや，その対策などについても説明できるように学習しよう．

10.1 パイプライン処理の基本

CPU は，**パイプライン**（pipeline）とよばれる処理方式を導入して高速化を実現している．ここでは，パイプライン処理の基本原理などについて解説する．

10.1.1 パイプラインとは

コンピュータは，メモリから命令を取り出して（フェッチ），デコード後に実行する．図 10.1 は，4 個の命令を実行する際の流れを示している．フェッチ，デコード，実行の各段階にそれぞれ 1 クロックを要する場合には，4 個の命令すべてを実行するのに 12 クロックが必要となる．

一方，パイプライン処理では，図 10.2 に示すように，各命令のフェッチ，デコード，実行をほかの命令と並行して行う．図 10.2 の例では，4 個の命令が 6 クロックで実行されるため，図 10.1 に比べて 2 倍の高速化が実現できる．

パイプラインの各段階を**ステージ**（stage）という．図 10.2 の例では，フェッチ，デコード，実行の 3 ステージのパイプラインを示している．ステージ数は，**パイプラインの段数**ということもある．

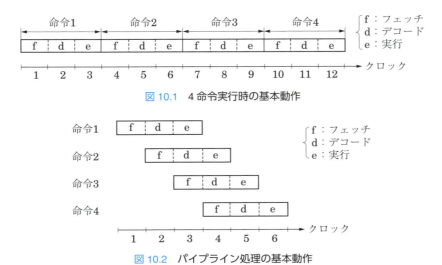

図 10.1　4 命令実行時の基本動作

図 10.2　パイプライン処理の基本動作

10.1.2 パイプラインの構成

図 10.2 では，各ステージが同じ時間（1 クロック）であると仮定したが，一般的には各ステージに要する時間は異なる．パイプラインでは，各ステージを同じ時間で処理する必要があるた

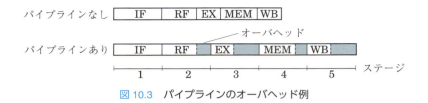

図 10.3　パイプラインのオーバヘッド例

め，ステージの処理時間は，もっとも長いステージを基準にして決められる．したがって，各ステージの処理時間には，待ち時間が含まれることがある．このように，一見無駄ではあるが，処理を行うために必要な要素を**オーバーヘッド**（overhead）という．図 10.3 に，5 ステージのパイプラインのオーバヘッド例を示す．各ステージの動作は，次のとおりである．

- IF（フェッチ）：メモリから命令を取り出す．
- RF（デコード）：命令の解読，同時にレジスタのオペランドをフェッチする．
- EX（実行）：命令の実行，ロード／ストア命令の場合には有効アドレスの計算，分岐命令の場合には分岐先アドレスの計算を行う．
- MEM（オペランドフェッチ）：ステージ EX で計算したアドレスからデータをフェッチする．
- WB（ライトバック）：ステージ EX，MEM の結果をレジスタやメモリなどに書き込む．

また，パイプライン処理では，各命令が同じステージ数によって処理されていくことを基本としている．したがって，CISC のようにステージ数が異なる命令が存在する場合には，多いステージ数に合わせたパイプラインの構成が必要となる．この場合，短いステージで実行できる命令は，不要なステージで待ち時間を設けなければならない．このような待ち時間を**ストール**（stall）という．

10.2　ハザード

ここでは，パイプライン処理が停滞してしまう原因と，それらを解決するための方法について解説する．

10.2.1　ハザードとは

パイプライン処理がもっとも有効に行われている場合には，全ステージ数と同じ数の命令を実行することができる．図 10.4 に，5 ステージのパイプラインの動作例を示す．この例では，命令 5 の投入以降に全 5 ステージの処理が並行して行われる．

この状態で，同様に命令を投入し続ければ，1 ステージ分の時間ごとに 1 命令の実行を終えていくことが可能である．しかし，何かの理由で，パイプラインの流れが乱れると処理の効率が低下する．パイプラインの効率を低下させる要因を**ハザード**（hazard）という．ハザードは，構造ハザード，データハザード，制御ハザードに分類できる．

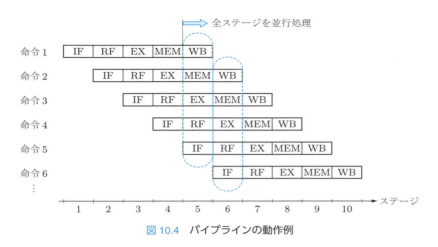

図 10.4　パイプラインの動作例

（1）構造ハザード（structural hazard）

メモリやレジスタなどの機能を同時にアクセスしようとした際に発生するハザードである．たとえば，図 10.4 において，命令 1 の WB と命令 5 の IF がどちらも同じメモリにアクセスする場合には，命令 5 の IF は 1 ステージ分のストールを挿入して，ステージ 6 で処理する必要が生じる．このように，ハザードが発生した場合に，それが解決するまでパイプラインの動作を一時停止することを**インタロック**（interlock）という．

（2）データハザード（data hazard）

データをアクセスする際に発生するハザードであり，次の 3 種類がある．

- **RAW（read after write）**：先行命令がレジスタなどに処理結果を書き込んでいないのに，後続命令がそのレジスタを読み込もうとした状態である．たとえば，図 10.5 に示すように，命令 1 のステージ WB によってレジスタに書き込まれた結果を命令 2 のステージ EX で使用する場合が，これに当たる．この場合には，命令 2 のステージ EX の前に 2 ステージ分のストールを挿入する必要が生じる．このように，ストールを用いてハザードを解消することを**パイプラインスケジューリング**という．

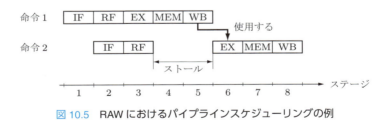

図 10.5　RAW におけるパイプラインスケジューリングの例

- **WAR（write after read）**：先行命令がレジスタなどからデータを読み取る前に，後続命令がそのレジスタにデータを書き込もうとした状態である．

- **WAW（write after write）**：先行命令がレジスタなどへデータを書き込む前に，後続命令が同じレジスタにデータを書き込もうとした状態である．

（3）制御ハザード（control hazard）

　分岐命令を実行した場合には，その結果によって次に実行する命令が異なる．つまり，分岐をしない場合には，次に書かれた命令を実行するためにハザードは起こらないが，分岐をする場合には，分岐先にある新しい命令をフェッチする必要が生じる．これを制御ハザードという．制御ハザードは，割込みやキャッシュミス，ページフォルトなどによっても発生する．

10.2.2　遅延分岐と分岐予測

　分岐命令は，プログラム中の 5～10 個の命令に 1 個の割合で出現するといわれている．このような理由から，制御ハザードは，構造ハザードやデータハザードよりも発生の頻度が高い．したがって，できるだけ分岐命令を使用しないプログラムを記述することは，制御ハザードの影響を少なくするために有効な方法である．また，分岐命令におけるハザード対策には，遅延分岐（delayed branch）と分岐予測（branch prediction）がある．

（1）遅延分岐

　図 10.6 に実行順序を変更するプログラム例を示す．

　図 10.6（a）のプログラムでは，分岐命令 JPM（レジスタ A の値が負であるときに，ラベル LOOP へ分岐するものとする）によって，分岐が行われる場合には図 10.7（a）のように多くのストールを必要とする．そこで，回路を工夫することにより，ステージ RF（デコード）で分岐するか否かを判定して，分岐する場合にはプログラムカウンタ PC をセットする．これによって，図 10.7（b）に示すように，ストールは 1 ステージ分で済む．

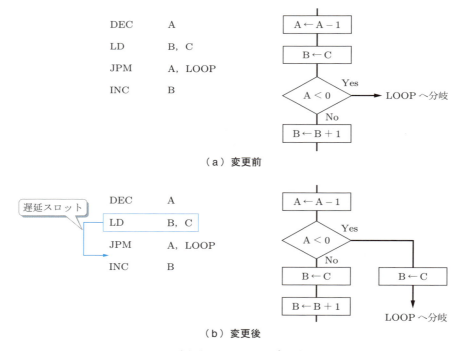

図 10.6　実行順序を変更するプログラム例

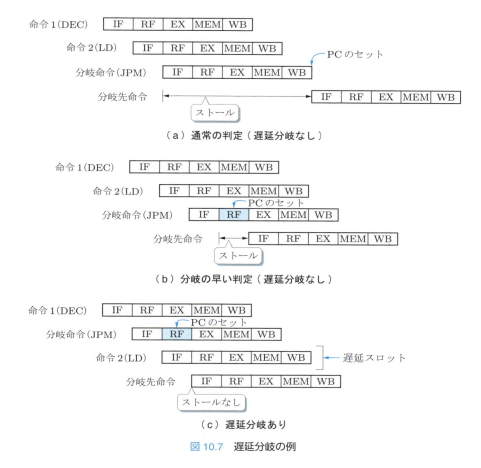

図 10.7　遅延分岐の例

さらに，図 10.6（a）のプログラムにおいて，分岐命令前のロード命令（LD B, C）をほかの場所に移動してもプログラムの実行に影響がない場合には，プログラムを図 10.6（b）のように変更してロード命令を実行する．この場合には，図 10.7（c）に示すように，分岐命令によるストールの発生を解消することができる．このように，分岐前の命令の実行順序を後にずらすことでハザードを解消する方法を遅延分岐という．

遅延分岐を行うためには，分岐命令の後に実行するように変更した命令（図 10.7（c）では命令 2 の LD 命令）を**遅延スロット**とよばれる場所に格納しておく必要がある．もしも，遅延分岐を行える命令がない場合には，NOP（no operation）命令を遅延スロットに格納しておく．

（2）分岐予測

たとえば，if 文による条件分岐では約半数が分岐するが，繰り返し処理を行う条件分岐ではほぼ毎回分岐する．このように，分岐命令の実行結果を予想し，ハザードを減らす手法を分岐予測という．

分岐予測を行うために，以前に実行した分岐命令の格納アドレスと分岐先アドレスなどを記録しているブランチターゲットバッファ BTB とブランチヒストリテーブル BHT を備えた CPU が多い（p.22．図 2.18）．

図 10.8 に，これらのバッファを用いた分岐予測の流れを示す．新たにフェッチした命令がこ

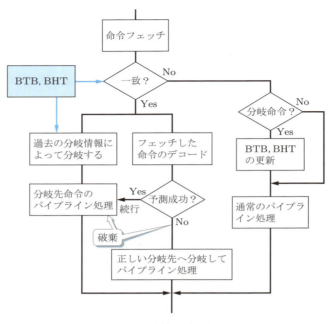

図 10.8　分岐予測の流れ

れらのバッファに記憶されている情報と一致する場合には，以前の分岐先アドレスをプログラムカウンタ PC へセットし，分岐先の命令に対してパイプライン処理を開始する．その後，分岐命令の判定を終えて，分岐先が判明した時点で，もしも先ほどの予測が間違っていたなら実行しているパイプライン処理を中止して正しい分岐先へ分岐する．

分岐予測においては，一つ前の分岐情報によって予測が成功する確率は 80 〜 90％，さらに一つ前の分岐情報を用いればこれ以上になることが知られている．

10.3　高速化技術

ここでは，いくつかの代表的なコンピュータの高速化手法について解説する．

10.3.1　スーパーパイプライン

パイプライン処理において，動作速度をより向上させるためには，各ステージの実行速度を高速化する必要がある．このためには，1 ステージあたりの処理を簡単化すればよいので，従来のステージをさらに分割する．図 10.9 に，従来 5 ステージで行っていたパイプラインを，10 ステージに変更した場合の動作例を示す．この例では，3 命令の実行を，図 10.9（a）では 7 ステージで終了するが，図 10.9（b）では 12 ステージ必要としている．

つまり，動作速度を向上させる目的でステージを分割すると，全ステージ数が増加するためにパイプラインの効率は低下する．しかし，各ステージの実行速度を高めることで，全体的な処理速度が向上すればよい．このように，多段のステージを構成して動作速度を向上させる方式を**スーパーパイプライン**（superpipeline）という．何ステージ以上をスーパーパイプラインとよ

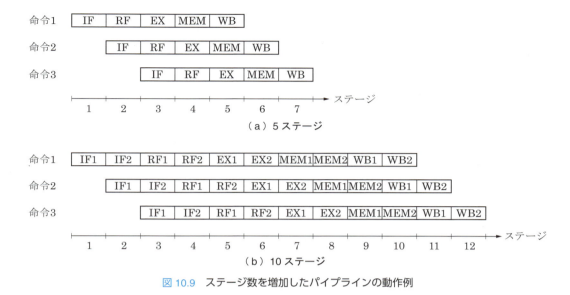

図 10.9 ステージ数を増加したパイプラインの動作例

ぶのかという規定はない．

　CPU の多くが高い動作周波数を得るために，多段ステージのパイプラインを採用している．たとえば，Pentium4 プロセッサでは，20 ステージのスーパーパイプラインを採用している．

10.3.2　スーパースカラ

　これまでに学んだパイプラインは，各ステージで 1 命令に対するフェッチやデコードを行っていた．このようなパイプラインを**シングルスカラ**（singlescalar）**方式**という．一方，図 10.10 に示すように，複数の命令を同時にフェッチして，同時にデコードを行い並列に処理していく方式を**スーパースカラ**（superscalar）**方式**という．スーパースカラ方式では，複数のパイプラインが同時に動作していると考えることができる．同時に動作するパイプラインの数を**ウェイ**（way）という．図 10.10 は，2 個の命令を同時にフェッチできる 2 ウェイのスーパースカラの考え方である．

　デコードの後は，同時に実行できるように命令の順序を入れ替えて並列処理を行う．命令の順序を入れ替えることを**アウトオブオーダー**（out of order）という．したがって，実際には，各ステージでの命令実行順序は図 10.10 と異なるのが普通である．たとえば，実際にはすべての命

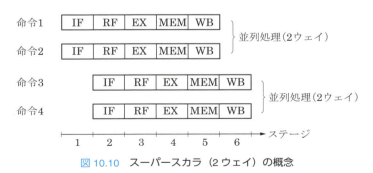

図 10.10　スーパースカラ（2 ウェイ）の概念

10.3　高速化技術　103

令の EX が 1 ステージとは限らないため，各命令の依存関係を調べて，ストールが少なくなるように実行順序を決める．このように，命令の実行順序や配置などを処理に適するように決める作業を**スケジューリング**（scheduling）という．また，並列処理の効率を高めるために，たとえば，Pentium4 プロセッサでは 2 個の ALU（算術論理演算装置）を搭載している．しかし，並列処理できる命令の組み合わせには限界があるため，空きステージが多くなってしまうことも少なくない．

10.3.3　VLIW

VLIW（very long instruction word）とは，非常に長い命令語長を意味する．一般には，256 ビット以上の命令語長を採用している．図 10.11 に，VLIW の概念を示す．

VLIW は，**スロット**（slot）とよばれる領域で構成され，各スロットは CPU の機能と一対一に対応している．したがって，1 組の VLIW を実行することで，複数の機能を同時に動作させることが可能となる．複数の命令を VLIW の各スロットに割り当てるスケジューリングは，**コンパイラ**（compiler）の役目である．図 10.12 に示すように，割り当てのなかったスロットには，NOP 命令が置かれるが，NOP 命令が少ないほど高速な並列処理を行うことができる．

VLIW 方式では，スーパースカラの並列処理とは異なり，複数個の ALU 機能などを用意する必要がないためにハードウェアは簡単になる．しかし，各スロットを活用できるように命令をスケジューリングする必要があるためコンパイラの負担は大きくなる．

図 10.11　VLIW の概念

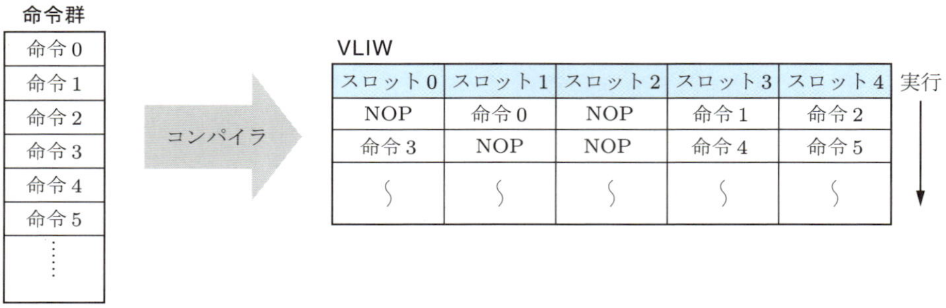

図 10.12　VLIW におけるスケジューリングの例

10.3.4　ベクトルコンピュータ

科学技術計算で使用されることが多いベクトル演算では，ベクトルの各要素に対する計算を行う．たとえば，複数のベクトルを加算する場合には，それぞれのベクトル中の対応する要素どうしを足し合わせる処理を繰り返す．したがって，通常のコンピュータでは，メインメモリへのデータアクセスの回数が多くなり，処理に時間がかかってしまう．そこで，ベクトル演算に適し

た専用の CPU であるベクトルプロセッサを搭載して処理速度を高めたのが，**ベクトルコンピュータ**（vector computer）である．ベクトルプロセッサと高速メモリを組み合わせた装置を**ベクトルエンジン**という．図 10.13 に，ベクトルエンジンの構成例を示す．ベクトルコンピュータは，複数のベクトルエンジンを搭載しているのが一般的である．

図 10.13　ベクトルエンジンの構成例

また，このコンピュータは，データをパイプライン方式でアクセスし，1 個の命令で複数個のデータを同時に処理する **SIMD**（p.22，図 2.18 を参照）方式を用いて，高速なデータ処理を実現する．つまり，前に学んだパイプライン処理では命令をステージに分割してパイプラインに投入していたが，ここではデータをパイプラインに投入すると考えればよい．

ベクトルコンピュータは，スーパーコンピュータ（p.10）の一種として分類できる．

10.3.5　マルチプロセッサ

パイプラインやスーパースカラによる高速化は，たいへん効果的であるが限界もある．**マルチプロセッサ**（multiprocessor）は，複数個の CPU を用いて並列処理を行うことで処理速度の向上を実現する．マルチプロセッサは，**密結合システム**（tightly coupled system）と**疎結合システム**（loosely coupled system）に大別される．

（1）密結合システム

図 10.14 に示すように，複数の CPU で同一のメインメモリを共有するシステムである．各 CPU では，メインメモリに格納されている同じ OS が動作する．密結合システムを実現するためには，CPU と OS の両方がマルチプロセッサ技術に対応していることが必要となる．

ベクトルコンピュータは，密結合システムを構成してマルチプロセッサコンピュータとして動作させることが可能である．また，図 10.15 に示すように，パソコン用などでは 1 個のパッケージに複数のコアを内蔵した**マルチコア** CPU（p.14）がある．

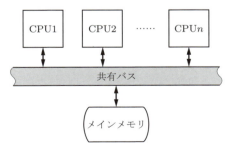

図 10.14　密結合システム

10.3　高速化技術　105

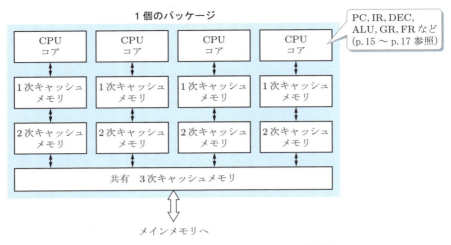

図 10.15　マルチコア（4 コア）CPU の構成例

（2）疎結合システム

図 10.16 に示すように，個別のメインメモリを使用した各 CPU を共有バスによって接続するシステムである．各 CPU では，それぞれの使用しているメインメモリに格納されている OS が動作する．

疎結合システムでは，CPU や OS はコンピュータごとに異なっていても構わない．また，共有バスには，ネットワークを使用することもある．

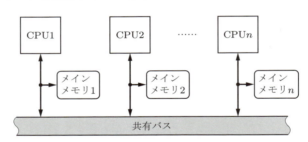

図 10.16　疎結合システム

演習問題

10-1　RISC において，4 ステージのパイプライン処理がストールなく動作している場合，5 命令を実行するためには何クロック必要となるか．また，パイプライン処理を用いずに逐次処理を行った場合は，何クロック必要となるか．

10-2　パイプライン処理におけるステージ処理時間のオーバーヘッドについて説明しなさい．

10-3　次の説明は，パイプライン処理におけるハザードに関するものである．それぞれ何とよばれるハザードか答えなさい．
　　① 先行命令がレジスタに処理結果を書き込んでいないのに，後続命令がそのレジスタを読み取ろうとした．
　　② 分岐命令によって，分岐先にある命令を新たにフェッチした．
　　③ メモリやレジスタなどの機能に同時にアクセスしようとした．

10-4 次の説明は，分岐によって発生するハザードを減少させる方法に関するものである．それぞれ何とよばれる方法か答えなさい．
   ① BTB，BHT などを使用する．
   ② 命令の実行順序を変更する．

10-5 パイプラインとスーパーパイプラインの相違点を説明しなさい．

10-6 スーパーパイプラインにおいて，ステージ数が増す理由について説明しなさい．

10-7 スーパースカラが有効に動作するためには，どのような条件が必要か説明しなさい．

10-8 VLIW の特徴を，スーパースカラと比較して説明しなさい．

10-9 SIMD の特徴を，VLIW と比較して説明しなさい．

10-10 マルチプロセッサにおける密結合システムについて特徴を説明しなさい．

11 入出力アーキテクチャ

ねらい この章では，代表的な入出力装置としてキーボード，マウス，液晶ディスプレイ，プリンタの構成と原理などについて理解しよう．また，ヒューマン・マシンインタフェースを重視した各種の装置についても学ぼう．

11.1 入出力装置の制御

入出力装置の制御では，CPU が直接的に関与する直接制御方式と，入出力制御専用のハードウェアが制御を行う間接制御方式がある．

11.1.1 直接制御方式

CPU が入出力装置を直接的に制御する方式は，次の二つに大別できる．

（1）メモリマップト I/O（memory mapped input/output）

メインメモリ（主記憶装置）のアドレスに，入出力装置用のレジスタを割り当てておき，通常の転送命令によって入出力を行う方式である（図 11.1）．特別な入出力用の命令を用意する必要はないが，メインメモリの特定領域を通常のプログラム領域として使用できなくなる．

p.38 で紹介した RX621 は，メモリマップト I/O 方式を採用したマイコンであり，表 11.1 に示すメモリ割り当てを行っている．DDR（data direction register）はポートの各ビットを入力用または出力用に設定し，DR（data register）はデータの入出力を行うためのレジスタである．DDR や DR に対する転送命令は，通常のデータ転送と同じ MOV 命令を使用する．

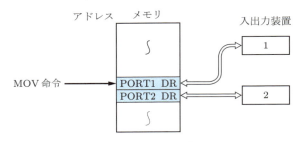

図 11.1 メモリマップト I/O

（2）I/O マップト I/O（input/output mapped input/output）

図 11.2 に示すように，IN 命令や OUT 命令などの入出力専用命令を用いて直接的に入出力装

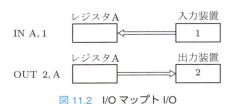

図 11.2 I/O マップト I/O

表 11.1　メモリマップト I/O（RX621 の割り当ての一部）

アドレス	ポート	レジスタ
0008 C000H	PORT0	
0008 C001H	PORT1	
0008 C002H	PORT2	
0008 C003H	PORT3	DDR
0008 C004H	PORT4	（入力・出力設定）
0008 C005H	PORT5	
0008 C00AH	PORTA	
0008 C00BH	PORTB	
0008 C020H	PORT0	
0008 C021H	PORT1	
0008 C022H	PORT2	
0008 C023H	PORT3	DR
0008 C024H	PORT4	（入力・出力データ）
0008 C025H	PORT5	
0008 C02AH	PORTA	
0008 C02BH	PORTB	

置にアクセスする方式である．命令のオペランドに，アクセスする装置とデータ転送用領域を指定する．メモリマップト I/O とは異なり，メインメモリの使用を制限することはない．

11.1.2　間接制御方式

　直接制御方式では，入出力装置とメモリ（またはレジスタ）間でのデータ転送を CPU が直接的に制御するため，CPU の負担が大きくなる．**間接制御方式**は，入出力専用のハードウェアを用意し，CPU の負担を軽減することを目的とした方式である．

（1）DMA（direct memory access）

　図 11.3 に示すように，入出力装置とメインメモリ間で直接的にデータの転送を行う方式である．直接的な制御は，CPU ではなく，**DMA コントローラ**が行う．DMA を使用する場合には，通常のプログラムにおいて次の手順を実行する．

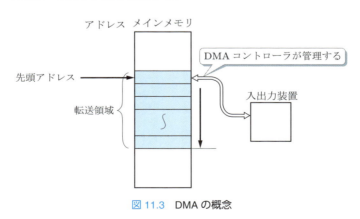

図 11.3　DMA の概念

■ DMA の実行手順

① メモリアドレスレジスタに，メモリの転送領域の先頭アドレスを設定する．
② 転送長レジスタに，転送データの領域数を設定する．
③ 制御レジスタに，入力と出力のどちらの動作を行うかを設定する．
④ 転送開始命令を実行する．

データ転送が完了した際には，DMA コントローラが CPU に対して**割込み信号**を送って通知する．したがって，CPU は，転送開始命令を実行してから割込み信号が入力されるまで，ほかの処理を行うことが可能となる．

複数の入出力装置を DMA で操作するには，割込み信号が発生したときにそれがどの入出力装置から送られたのかを判定する必要が生じる．信号を発生した装置の情報が CPU に送られてこない場合には，すべての入出力装置の状態を順次チェックして，動作の完了している装置を見つける必要がある．このような方法を**ポーリング**（polling）という（図 11.4）．ポーリングは，簡単な回路で実現できるが，処理時間は遅い．

また，**デイジーチェーン**（daisy-chain）とよばれる方法は，割込み信号を受け取った CPU が割込み受理信号をすべての入出力装置へ向けて出力する．このとき，割込み信号を発生して，かつ受理信号を最初に受け取った入出力装置が DMA 処理の対象として選択される（図 11.5）．この方法では，複数の入出力装置が割込み信号を発生している場合でも，CPU からの受理信号を最初に受け取った装置，つまり CPU に近い装置が選択されることになる．

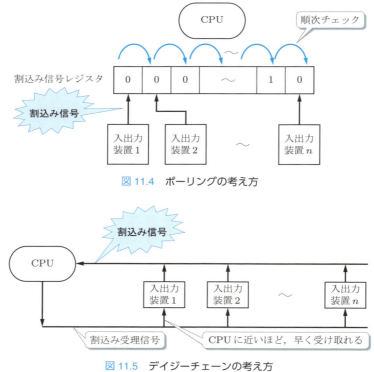

図 11.4　ポーリングの考え方

図 11.5　デイジーチェーンの考え方

また，複数の入出力装置の処理に優先順をつける場合などは，**プライオリティエンコーダ**を用いた割込み信号検出回路が使用される（p.95）.

（2）入出力チャネル（input/output channel）
DMA を用いると，CPU はデータの転送中にほかの処理を並列処理できる．しかし，初期設定などのプログラムは CPU によって実行する必要がある.

入出力チャネルは，入出力装置を制御するための専用回路を用意することで，CPU の負担をさらに軽減することを目的とした方法である．図 11.6 に，入出力チャネルを用いた間接制御の構成例を示す．図中の入出力チャネルとは，制御専用の CPU を含む回路であり，この CPU が実行する制御専用プログラム（チャネルプログラム）は，メインメモリに格納しておく．入出力チャネルには，**セレクタチャネル**（selector channel）と**マルチプレクサチャネル**（multiplexer channel）がある.

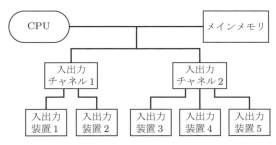

図 11.6　入出力チャネルを用いた構成例

① セレクタチャネル
　一つのチャネルプログラムが終了するまでは，入出力装置を固定しておくもので，たとえばハードディスク装置などのように高速なデータ転送が要求される処理に使用する.

② マルチプレクサチャネル
　複数のチャネルプログラムと操作対象の入出力装置を時分割方式で切り替えながら処理するもので，たとえばディスプレイ装置などさほど高速性が要求されない装置に使用する.

11.1.3　入出力インタフェース

入出力装置に接続する**インタフェース**には，表 11.2 に示すような規格がある．これらの規格は，技術の発展に伴って転送速度などが頻繁に更新されている．RS-232C や IEEE1284 などのように，かつてはよく使用されていたが，USB（universal serial bus）などの新規格にとって代わられたインタフェースは，**レガシーインタフェース**（legacy interface）とよばれる.

表 11.2 入出力インタフェースの規格例

名　称	おもな用途など	転送速度（参考）
RS-232C	シリアル伝送，計測制御用	115 kbps
IEEE 1284	プリンタ用，セントロニクス規格など	2 Mbps
IDE	パラレル伝送，CD-ROM，ハードディスク用，ATA，ATAPI 規格など	133 Mbps
SCSI 3	パソコン向き，デイジーチェーン接続	1.28 Gbps
SATA 3	シリアル伝送，ハードディスク用	4.8 Gbps
SAS 4	シリアル伝送，ハードディスク用	22.5 Gbps
PCI Express 3	パソコン向き	32 Gbps
GPIB（IEEE488）	計測器など	8 Mbps
USB 4	パソコン向き	40 Gbps
HDMI 2.1	映像，音声用	42.6 Gbps
IrDA DATA1.4	赤外線通信用	16 Mbps
Bluetooth 5	無線（電波）用	2 Mbps

11.2　入力装置

ここでは，代表的な入力装置であるキーボードとマウスの構造や原理について解説する．

11.2.1　キーボード

キーボード（keyboard）は，文字や数値データを入力する際の入力装置として広く普及している．図 11.7 に，導電性ゴムによって接点を開閉するラバードーム（rubber dome）式のキーボード内部とキーの構造を示す．

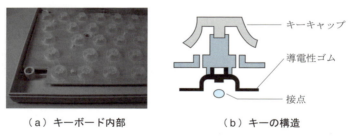

（a）キーボード内部　　　　　　（b）キーの構造
図 11.7　キーボード（ラバードーム式）

押されたキーを特定するためには，マトリクス状に配線したキーを図 11.8 に示すようにキースキャン（key scanning）する．つまり，キーの各行へ順番に電流を流していくのと同時に，各列の信号をスキャンして電流の有無を検出する．キーの配列は，ASCII 配列や JIS 配列が使用されることが多い．このほか，キーを押すことによって電極間の静電容量を変化させるキーボードもある．

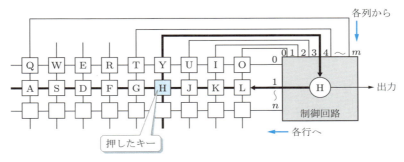

図 11.8　キーボードの原理

11.2.2　マウス

マウス（mouse）は，ディスプレイ上を移動するポインタ（pointer）を操作することで，ビジュアルにデータの入力を行える**ポインティングデバイス**（pointing device）として広く普及している．動作原理は，ボールを内蔵した機械式から，光学式へと移行し，その後レーザや青色LEDを用いたより高性能な方式に発展した．

図 11.9 に青色 LED を用いたマウスの内部例を示す．高精度センサは，マウス下部の移動面に照射された光の反射画像を検出する．そして，画像処理によって画像の変化を検出し，マウスの移動量と移動方向を計算する．市販品の例では，解像度 2000 dpi，数千回/s で画像を検出し，小さな移動量でも高精度に検出するマウスがある．また，移動面に付着した微小粒子や傷による拡散光を検出することで，光沢面や不透明ガラス面の上でも使用できるマウスも実用化されている．

ノート型パソコンでは，ポインティングデバイスとして，静電気の変化を感知して移動量を検出する**トラックパッド**（track pad）を搭載した製品が多い．

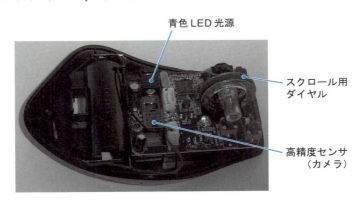

図 11.9　青色 LED を用いたマウスの内部例

11.3 出力装置

ここでは，代表的な出力装置であるディスプレイとプリンタの構造や原理について解説する．

11.3.1 ディスプレイ

現在では，小型軽量で消費電力が少ないなどの理由から，**液晶ディスプレイ**（liquid crystal display）が広く普及している．図 11.10 に液晶ディスプレイの構造を，図 11.11 に基本原理を示す．

液晶ディスプレイは，液晶に電圧を加えることで，通過する光の偏光方向が変化することを利用した装置である．したがって，蛍光管や LED などの**光源**を必要とし，カラーを実現するためには**色フィルタ**を用いる．

薄膜トランジスタをスイッチとして用いることで制御を行う **TFT**（thin film transistor）**方式**が主流となっている．TFT 方式には，以下の種類があり，いずれも画素ごとに電圧制御を行う**アクティブマトリックス**（active matrix）**方式**を用いている．

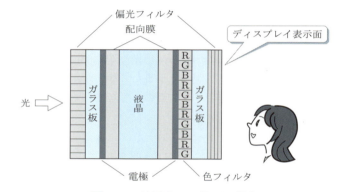

図 11.10 液晶ディスプレイの構造

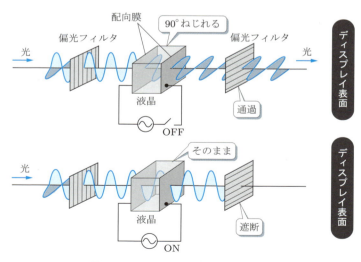

図 11.11 液晶ディスプレイの基本原理

- TN（twisted nematic）型：安価だが，角度によっては色合いが変化（色度変移）してしまう．視野角は狭い．
- VA（virtical alignment）型：コントラスト（明暗の差），応答速度，色度変移が優れているが，視野角は狭い．
- IPS（in plane switching）型：最も視野角が広く，色度変移も少ない．コントラストはよくないが，補正技術で改善できる．

11.3.2　プリンタ

現在では，インクジェット（ink-jet）方式やレーザ（laser）方式のプリンタが広く普及している．**インクジェットプリンタ**は，インクの粒子をノズル（nozzle）から勢いよく噴射して用紙への印刷を行い，レーザプリンタはコピー機と同じ原理で印刷を行う．インクジェットプリンタはカラー印刷が安価で実現でき，レーザプリンタは高品質な印刷が可能であるなどの特徴をもつ．

図 11.12 に，**電気機械変換方式**とよばれるインクジェットプリンタの原理を示す．**ピエゾ素子**（piezoelectric element）によって生じた圧力（逆圧電効果）で，インク粒子をインク室から押し出し画素を印刷する．インク粒子が帯電電極を通過する際にインク粒子を帯電させた後，偏向電極によって用紙上の任意の位置に到達させる．ピエゾ素子の代わりにヒータを配置して，インクを加熱することで発生する気泡の圧力でインク粒子を噴射する**電気熱変換方式**もある．

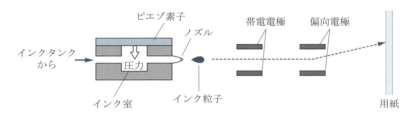

図 11.12　インクジェットプリンタの原理（電気機械変換方式）

インクジェットプリンタは，印刷後にインクがにじみやすいのが欠点であったが，改良が進み広く普及している．とくに高品位な印刷を行う必要のある場合には，専用の用紙を使うとよい．

図 11.13 に，レーザプリンタの原理を示す．レーザプリンタは，次の手順で印刷を行う．

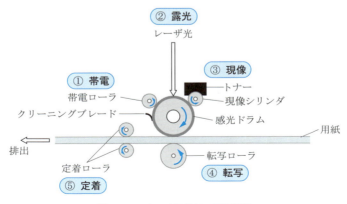

図 11.13　レーザプリンタの原理

■ レーザプリンタの印刷手順
① **帯電**：帯電ローラによって，感光ドラムに静電気を与える．
② **露光**：感光ドラムに印刷パターンのレーザ光を照射すると，照射部の静電気が除去される．
③ **現像**：粉末インクであるトナー（toner）を負に帯電させ，感光ドラムに近づける．すると，②で静電気が除去された部分にだけトナーが付着する．その他の部分には負の電荷どうしの反発によりトナーが付着しない．
④ **転写**：用紙を感光ドラムに密着させ，転写ローラ側から正の電荷をかけて，感光ドラムに付着しているトナーを用紙に移す．
⑤ **定着**：定着ローラによって，用紙を熱しながら加圧し，トナーを固定する．

印刷が終われば，クリーニングブレード（cleaning blade）によって，感光ドラムに残っているトナーを削り落として，次の印刷の準備をする．カラー印刷を行う場合には，各色のトナーを用いて1色ごとに中間転写体とよばれるドラムに現像していく．そして，全色の現像を終えてから用紙への転写と定着の処理を行う．

11.4 ヒューマン・マシンインタフェース

人が扱いやすい入出力装置を開発するためには，人と機械のインタフェース，つまり**ヒューマン・マシンインタフェース**（human-machine interface）を考慮することが重要になる．ここでは，ヒューマン・マシンインタフェースに注目して選んだいくつかの入出力装置について紹介する．

11.4.1 データグローブ

データグローブ（data gloves）は，グローブに搭載した角度センサなどによって手の動きを検出し，そのデータをコンピュータに入力する装置である．この装置は，図11.14に示すように，バイブレータを装着することで手に振動を与え，触れる感覚（触覚）を与えることもできるようになっている．

図 11.14　バイブレータ（製品名 CyberTouch）を装着したデータグローブ
［写真提供：サイバーグローブシステム社．© Cyber Glove Systems LLC］

11.4.2　モーションキャプチャシステム

図 11.15 は，人体の動きに関するデータをコンピュータに入力する**モーションキャプチャシステム**（motion capture system）の例である．このシステムは，ジャイロスコープ，加速度計，磁力計を内蔵したセンサユニットを頭部や腕，脚などに取り付けることで，各部の動きを読み取り，ディスプレイ上のキャラクターモデルにその動きを反映させたアニメーションとして表示できる．

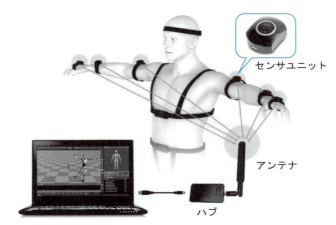

図 11.15　モーションキャプチャシステム（製品名：Perception Neuron）
[写真提供：ノイトム社． © 2019 Noitom Ltd.]

11.4.3　3次元感触インタフェース

図 11.16 に示すのは，3次元感触インタフェースとよばれる入出力装置である．3次元的な動作が可能なアームを操作することで，3次元形状の図形を入力することが可能である．また，アームによってコンピュータ内に構成した3次元物体の表面形状をなぞり，その硬さや重さの感覚を得ることもできる．

図 11.16　3次元感触インタフェース
（製品名：3D Systems 社製「Phantom Premium 1.5」）
[画像提供：株式会社スリーディー]

11.4.4 ヘッドマウントディスプレイ

図 11.17 は，頭部に装着する単眼用の**ヘッドマウントディスプレイ**（HMD：head mounted display）を使用している様子と，そのときに見えている映像のイメージである．両眼を覆うように装着し，目の前に大きなスクリーンがあるように映像を映し出す．3 次元に見える映像を表示することで，実際とは異なる場所にいるような**バーチャルリアリティ**（VR：virtual reality）といわれる感覚（没入感）を得ることもできる．

図 11.17　ヘッドマウントディスプレイのイメージ

演習問題

11-1　メモリマップト I/O とは，どのような制御方式か説明しなさい．また，長所と短所を述べなさい．

11-2　入出力制御において，直接制御方式の特徴を説明しなさい．

11-3　入出力制御において，間接制御方式の長所を説明しなさい．

11-4　DMA において，割込みを使用する理由を説明しなさい．

11-5　DMA とチャネルを使用する方法では，データ転送用プログラム（制御用プログラム）の実行がどのように異なるか説明しなさい．

11-6　間接制御方式において，使用している複数の入出力装置のうち，どの装置がデータ転送を完了したのかを特定する方法について，次の①と②に答えなさい．
　　　① いずれか 1 台の装置のみを特定できればよいときに使用する方法の名称を二つあげなさい．また，これらの方法の特徴を説明しなさい．
　　　② 複数の装置に対して優先度付きの情報を得るために使用する回路名を答えなさい．

11-7　特定の入出力装置のデータ転送を高速に行う場合，セレクタチャネルとマルチプレクサチャネルを比較しなさい．

11-8　キーボードやマウスをパソコンに接続する方法には，有線式と無線式がある．それぞれの方式の長所と短所を答えなさい．

11-9　液晶ディスプレイ以外のディスプレイについて調べなさい．

11-10　データグローブの特徴を考えなさい．

12 システムアーキテクチャ

ねらい この章では，はじめにモニタプログラムと OS の関係について理解しよう．そして，OS を用いることによる開発者やユーザの受ける利点を確認しよう．また，OS のもつ代表的な機能などについても学習しよう．

12.1 OS の役割

オペレーティングシステム（OS：operating system）は，ハードウェアと密接にかかわりながら，ユーザに使いやすいシステム環境を提供するソフトウェアである．ここでは，OS の役割や動作などについて解説する．

12.1.1 モニタプログラムと OS

簡単な構成のコンピュータ（たとえば，p.58 の図 6.3）では，メモリに格納されている命令を順に取り出して実行していく機能があれば動作可能である．この場合には，メモリにプログラムを入力する場合や入出力ポートにおけるデータの扱いは，すべて 2 進数によって直接的な操作を行う必要がある．

しかし，たとえば，アルファベットが割り付けられたキー操作によってプログラムをニーモニックコードで入力（メモリに格納）することや，指定したレジスタやメモリの内容を簡単に 16 進数で表示できる機能があれば便利であろう．このように，プログラムの入力や実行などの操作を補助するソフトウェアを**モニタプログラム**（monitor program）という．表 12.1 にモニタプログラムの機能例，図 12.1 にメモリマップ例を示す．

モニタプログラムの機能を充実させていくとプログラムサイズが増大してくるため，大容量の ROM を用意する必要が生じる．また，いくつかのモニタプログラムを使い分けたい場合に，大容量の ROM を切り替えていたのでは効率がよくない．

このため，モニタプログラムを補助記憶装置に置き，コンピュータの起動直後にそれをメモリの RAM 領域に読み取る方法が考案された．すなわち，図 12.2 に示すように，コンピュータを起動すると，ROM に書き込まれた **IPL**（initial program loader）とよばれる小さな読取り用プログラムが起動する．そして，IPL によって，補助記憶装置に格納してあるモニタプログラムがメインメモリに読み取られるのである．これにより，補助記憶装置上の任意のモニタプログラムを実行することができる．

表 12.1 モニタプログラムの機能例

機　能	動　作
WRITE	メモリの指定アドレスにデータを書き込む
READ	メモリの指定アドレスのデータを表示する
REG	指定したレジスタのデータを表示する
RUN	メモリの指定アドレスからプログラムを実行する
STEP	メモリの指定アドレスのプログラムを 1 行単位で実行する

12.1　OS の役割　119

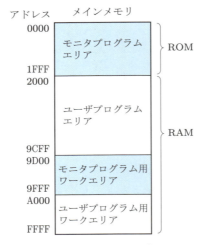

図 12.1　メモリマップ例

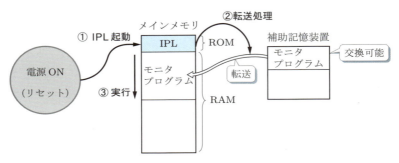

図 12.2　IPL によるモニタプログラムの転送

　一方，コンピュータの構成が複雑になるに従って，モニタプログラムにはより多くの機能が要求されるようになってきた．このようにして，モニタプログラムは **OS** へと発展した．

　パソコンでは，ROM に書き込まれた **BIOS**（basic input output system）とよばれるプログラムを起動した後に IPL を実行して OS を転送するのが一般的である．BIOS は，入出力装置の設定などを行うプログラムである．

12.1.2　OS の目的

　コンピュータは，ソフトウェアによってさまざまな用途で使用することができる．たとえば，**アプリケーションソフトウェア**（application software）として，ワープロ，表計算，図形処理，プレゼンテーション支援などが普及している．

　これらのアプリケーションソフトウェアについて，開発側とユーザ側の観点からの要求を考えてみよう．

(1) 開発側

多くのアプリケーションソフトウェアには，共通の処理がある．たとえば，キーボードからのデータ入力やディスプレイやプリンタへのデータ出力，ファイル操作などの処理がある．これらの処理を行うプログラムをアプリケーションソフトウェアごとに用意するのは効率的でない．したがって，共通の処理をOSに任せることにすれば，アプリケーションソフトウェアは身軽になり，開発効率も上がる（図12.3）．

図 12.3　共通処理は OS の仕事

(2) ユーザ側

各アプリケーションソフトウェアの操作方法はできるだけ同じであってほしい．たとえば，データをファイルに保存するなどの基本操作は，アプリケーションソフトウェアが異なっても同様の手順で実行したい．ユーザの操作環境を OS が行うことにすれば，ある程度の共通操作を実現することができる．

このように，OS を用いることで，開発側とユーザ側の双方に利点をもたらすことができる．OS は，その操作性から **CUI**（character user interface）型と **GUI**（graphical user interface）型に大別することができる．CUI 型は，OS に与える命令をおもにキーボードから文字データとして入力する．例として図12.4 に，ディレクトリ一覧を表示する命令「dir」を実行した様子を示す．

図 12.4　CUI 型 OS の操作例（MS-DOS）

図 12.5　GUI 型 OS の操作例（Windows）

　これに対して，GUI 型 OS は，おもにマウスを用いた操作を行う．画面に配置されている**アイコン**（icon）とよばれるボタンをマウスポインタで選択し，クリックなどの操作を行う．図 12.5 は，フォルダとよばれるアイコンをダブルクリックして，中にあるファイル一覧をウィンドウとよばれる領域に表示した例である．

　パソコンが一般に広く普及したのは，GUI 型 OS の性能が向上したため，ユーザがより簡単な操作でアプリケーションソフトウェアを使用できるようになったことが理由の一つである．アプリケーションソフトウェアに対して，OS を**基本ソフトウェア**とよぶこともある．

12.1.3　OS の構成

　たとえば，複数のアプリケーションソフトウェアを見かけ上，同時に動作させる**マルチタスク**（multi-task）処理は，OS のもつ機能の一部である．マルチタスク処理では，異なるアプリケーションソフトウェアを正しく切り替えて動作させる特別のプログラムが必要となる．このプログラムは，アプリケーションソフトウェアを実行するユーザモードとは異なる特権モードで実行する．この例のように，特権モードで動作する各種の特別なプログラムが集まって OS の核（**カーネル**：kernel，または**スーパーバイザ**：supervisor ともよばれる）を構成している．図 12.6 にカーネルの構成例，図 12.7 にカーネルの行う管理機能を示す．

　OS は，カーネルを中心として，ライブラリプログラム（システムコール関数など），ユーザインタフェースプログラム（GUI など），ユーティリティプログラム（エディタなど），システムプロセスプログラム（起動時に自動的に実行されるプログラムであり，UNIX ではデーモン：daemon という）などで構成されている．

　基本的な入出力管理機能だけでカーネルを構成して，ほかの機能はユーザモードで実行するようにしたカーネルを**マイクロカーネル**（micro kernel）という．マイクロカーネルでは，カーネルを簡単化することができ，モジュール性も高まるのが利点である．しかし，カーネル外部の機能を実行する際のオーバーヘッドが大きくなる傾向がある．

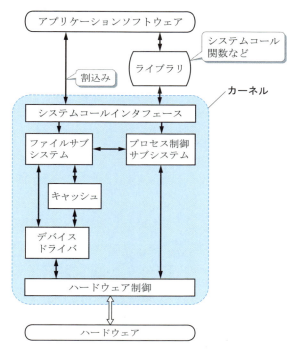

図 12.6　カーネルの構成例（UNIX）　　　図 12.7　カーネルの管理機能

12.2　OSの機能

ここでは，OSの代表的な機能として，プロセス管理，入出力管理，ファイル管理についての概要を解説する．

12.2.1　プロセス管理

CPUがメインメモリに格納されているプログラムを実行する際に，コンピュータから見たある仕事の単位を**プロセス**（process）または**タスク**（task）という．プログラムを実行する場合には，多くのプロセスが順次に処理されるのが一般的である．また，複数のプログラムを見かけ上，同時に動作させる場合（マルチタスク）には，各プログラムが発生する複数のプロセスを効率よく切り替えて処理する管理機能が必要である．プロセスには，**実行可能，実行中，実行待ち**の3状態があり，図12.8に示すような遷移を行う．OSが行うプロセス管理機能には，プロセスの生成と消去，実行するプロセスの切り替え，実行スケジューリング，複数プロセスの同期，プロセスの保護などがある．

プロセスには，特権モードで実行されるOSプロセスとユーザモードで実行されるユーザプロセスがある．OSプロセスはユーザモードからの割込み発生によって起動し，ユーザプロセスはOSによって起動される（図12.9）．

OSは，メモリや入出力装置などの資源（resource）を有効利用できるようにプロセス管理を行っている．しかし，図12.10に示すように，たとえば，プロセス1が資源Aを使用中に資源Bを使おうとし，プロセス2が資源Bを使用中に資源Aを使おうとする状態が発生すると，処

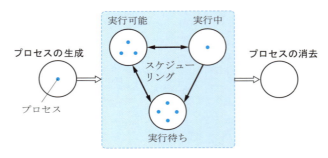

図 12.8　プロセスの状態

図 12.9　実行モードとプロセスの関係　　　図 12.10　デッドロック

理が先に進まずに止まってしまう．この状態を**デッドロック**（deadlock）といい，プロセスの同期がうまく取れなかった場合に発生する．デッドロックを避けるためには，プロセスがある資源を同時に使用できないようにする排他制御を行うなどの方法がある．

OS によっては，**スレッド**（thread）という，プロセスよりも小さい仕事の単位を用いて処理を行うこともある．

12.2.2　入出力管理

コンピュータには，多くの入出力装置が接続される場合がある．このようなときには，入出力チャネルを用いると，CPU の負担を減らすことができる（p.111）．入出力チャネルは，**チャネルプログラム**によって動作する．このため OS は，ユーザプログラムからの要求に基づいてチャネルプログラムに適切な指示を与える．図 12.11 に示すように，ユーザプログラムにおいて入出力処理を行うためには，**SVC 命令**（p.91）を実行して割込みを発生させる．これにより OS は，入出力装置の状態を調べながら適切な入出力処理の指示を出す．

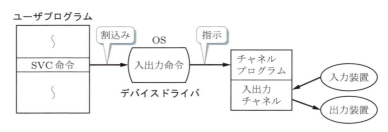

図 12.11　OS による入出力管理

入出力管理を行う機能部分を**デバイスドライバ**（device driver）という．デバイスドライバは，OSの一部であるが，使用する入出力装置に合わせて導入するのが一般的である（図12.6）．

12.2.3 ファイル管理

ファイル（file）とは，データの集まりのことであり，通常は補助記憶装置上に作成される．ファイルに対しては，データの読取りや書込み処理が行われる．一般のコンピュータでは，ファイルのコピーや削除，保護，指定装置からの入出力処理を行える機能が必要である．

GUI型のOSは，ファイル管理を視覚的な操作で簡単に行うことができるように工夫されている．たとえば，ファイルを削除する場合には，そのファイルのアイコンをゴミ箱のアイコンへマウスでドラッグすればよい．

ファイルは，適当なファイル名を付けて，ファイルどうしの関連を考えて階層的に管理するとよい．図12.12に，階層的なファイル管理の例を示す．図における各階層の位置を**ディレクトリ**（directory）という．

これまでOSの概要を学んだが，実際によく使用されているOSとして，ワークステーションではUNIX，パソコンではWindows，MacOS，Linux，組込みマイコンではTRONなどがある．

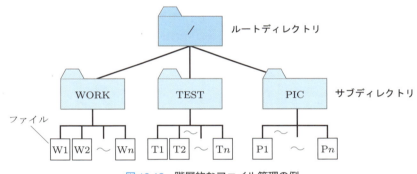

図 12.12　階層的なファイル管理の例

12.3　リアルタイムOS

パソコンに使用されているOSは，**汎用OS**（general-purpose OS）とよばれ，ワープロや表計算用など複数のソフトウェアをマルチタスク処理できる機能をもっている．一方，**組込みシステム**などでは，ある処理を一定の時間内に必ず終了しなければならないことがある．たとえば，自動車エンジンのガソリン噴出を制御する場合，高速回転しているエンジンの動作に支障がでないように制御する必要がある．また，ディジタルカメラでは，画像の入力制御や表示制御，焦点制御，シャッター制御などを連携し，かつ高速に処理しなければならない．このように，決められた時間内にある処理を終了させる要求を，**リアルタイム**（real-time）**性**という．リアルタイム性を確保する必要がある場合は，**リアルタイムOS**が用いられる．

図12.13に，汎用OSでよく使われる一般的な**マルチタスク処理**の例を示す．この例では，3種類のタスクA，B，Cを1msごとの割り当てで平等に処理している．

図12.14は，同じ3種類のタスクに**優先順位**をつけてマルチタスク処理を行った例である．こ

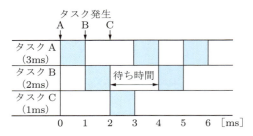

図 12.13　マルチタスク処理の例（優先順位なし）

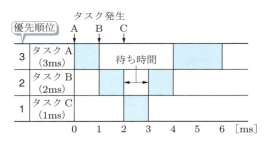

図 12.14　マルチタスク処理の例（優先順位あり）

の例では，タスク A より優先順位の高いタスク B の待ち時間が 1 ms 短縮され，タスクの終了時間が早くなっている．リアルタイム OS は，この例のように，優先順位に基づいたマルチタスク処理に適した機能を有しており，リアルタイム性を満たす制御を可能にする OS である．

演習問題

12-1　モニタプログラムには，どのような機能があるか説明しなさい．
12-2　モニタプログラムは ROM，OS は補助記憶装置に格納されるのが一般的である．この理由を説明しなさい．
12-3　IPL とはどのようなプログラムか説明しなさい．
12-4　パソコンにおける，BIOS と IPL の動作について説明しなさい．
12-5　アプリケーションプログラムを使用する場合，OS が担っている機能のために，ユーザが受ける恩恵について説明しなさい．
12-6　アプリケーションプログラムを開発する場合，OS が担っている機能のために，開発者が受ける恩恵について説明しなさい．
12-7　CUI 型と GUI 型 OS の長所，短所を比較しなさい．
12-8　次の用語について簡単に説明しなさい．
　　　① カーネル　② プロセス　③ 特権モードとユーザモード
12-9　プロセスの生成から消去までの流れについて説明しなさい．
12-10　プロセス処理におけるデッドロックとは，どのような状態か説明しなさい．
12-11　デバイスドライバについて説明しなさい．
12-12　実際の OS について，階層的なファイルの管理方法について調べなさい．
12-13　TRON について調べなさい．
12-14　リアルタイム性とは何か説明しなさい．

13 ネットワークアーキテクチャ

ねらい この章では，インターネットに代表されるネットワークに関する基本事項として，LAN や伝送制御方式について学ぼう．また，OSI 参照モデルの基本や各種のネットワーク用機器の概要などを理解しよう．

13.1 ネットワークの形態

複数のコンピュータを**ネットワーク**（network）で接続すると，データの転送や共有を効率的に行うことができる．ここでは，ネットワークの形態や制御方式の基礎について解説する．

13.1.1 集中処理と分散処理

ネットワークシステムの形態は，**集中処理**（centralized processing）と**分散処理**（distributed processing）に大別することができる．

（1）集中処理

銀行の現金自動預け払い機（ATM：automatic teller machine）のように，端末から入力したデータを中央の**ホストコンピュータ**に送って処理する方式である（図 13.1 (a)）．データを集中管理するために安全対策を取りやすいが，ホストコンピュータに処理が集中するために故障時にはシステム停止の可能性が高い．

（2）分散処理

図 13.1 (b) に示すように，処理を複数のホストコンピュータに分散させて実行する方式である．システムの全体像を把握するのが容易ではなく，安全対策を取りにくいが，一部のホストコンピュータが故障してもシステム全体が停止する可能性は低い．分散処理は，ホストコンピュータが大型コンピュータからワークステーションなどに置き換えられる**ダウンサイジング**（downsizing）が進んだことで，より一般的になった．

また，コンピュータに送られてきたデータをそのつどすぐに処理する方式を**オンライン**（online）**処理**，データをまとめてから一括処理する方式を**オフライン**（offline）**処理**または**バッチ**（batch）**処理**という．

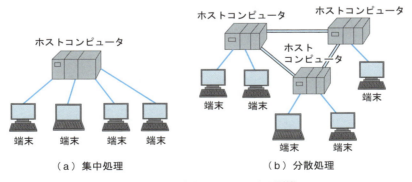

図 13.1 ネットワークシステムの形態

13.1.2 LAN

企業内や研究所内など一定の地域内において，複数のコンピュータを接続するネットワークをLAN（local area network）という．LANには，図 13.2 に示すような3種類の接続法がある．

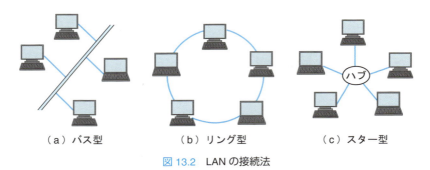

（a）バス型　　　（b）リング型　　　（c）スター型

図 13.2　LAN の接続法

（1）バス（bus）型
1本の伝送路にコンピュータを分岐接続するネットワークである．伝送路には，電磁波などの影響を受けにくい同軸ケーブルが使用されることが多い．

（2）リング（ring）型
リング状にコンピュータを接続するネットワークである．データは，一方向に転送されるため，どこかで障害が発生すると全体に影響を与えることが多い．伝送路には，ツイストペアケーブルや光ファイバケーブルが使用される．

（3）スター（star）型
ハブ（hub）とよばれる集線装置を中心に星状にコンピュータを接続するネットワークである．ネットワークの管理を一括して行うことができるが，ハブの故障は致命的な障害となってしまう．伝送路には，ツイストペアケーブルが使用される．

LAN を構成することで，ネットワークを経由したデータのやり取りを行うことや，プリンタなどの周辺装置を共有することが可能になる．LAN では，通常数十 Mbps ～ 10 Gbps 程度の速度でデータを転送している．表 13.1 は，広く普及している**イーサネット**（ethernet）とよばれる仕様の**有線 LAN** の規格例である．ケーブルに電線を使用する規格のほか，光ファイバケーブルを使用する 1000BASE-PX10/20 や 1000BASE-BX，100GBASE-LR4 などの規格もある．

表 13.2 は，**無線 LAN** の規格例である．また，IEEE 802.11 用の機器に関わる業界団体（Wi-Fi alliance）が制定した相互接続規格を **Wi-Fi**（ワイファイ）という．

表 13.1　有線 LAN の規格例

規　格	ケーブルカテゴリ（種類）	転送速度
100BASE-TX	5	100 Mbps
1000BASE-T	5e	1 Gbps
10GBASE-T	6	10 Gbps
100GBASE-LR4	シングルモード光ファイバ	100 Gbps

表 13.2 無線 LAN の規格例

規　格	周波数	転送速度
IEEE 802.11b	2.4 GHz	11 Mbps
IEEE 802.11a	5 GHz	54 Mbps
IEEE 802.11g	2.4 GHz	54 Mbps
IEEE 802.11n	2.4/5 GHz	600 Mbps
IEEE 802.11ax	5 GHz	9.5 Gbps

　異なる LAN が通信回線によって相互接続されて，世界中に広がったネットワークを**インターネット**（the Internet）という．

13.1.3　伝送制御方式

　LAN において，データの転送（伝送）を制御するための代表的な方式には，CSMA/CD（carrier sense multiple access with collision detection）方式とトークンパッシング（token passing）方式がある．

（1） CSMA/CD 方式

　ネットワークに接続されたあるコンピュータがデータ転送を行う場合に，伝送路にほかのコンピュータからのデータが流れているかどうかをチェックし，流れていなければデータ転送を開始する．しかし，伝送路にほかのコンピュータからのデータが流れている場合には，一定時間を経た後に再び伝送路のチェックを行う．データには，アドレスが付けられているために，コンピュータは自分宛のデータを受信することができる（図 13.3）．

　もしも，複数のコンピュータが同時にデータ転送を開始してしまった場合には，各コンピュータがその状況を検出して，ある時間が経過した後に再送する．この方式は，バス型やスター型ネットワークで使用されることが多い．また，**イーサネット**（p.132）でも採用されている．

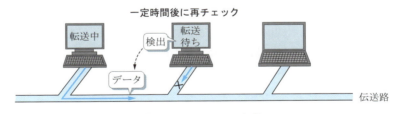

図 13.3　CSMA/CD 方式

（2） トークンパッシング方式

　トークン（token）とよばれる制御データをネットワーク上で巡回させ，次の手順でデータ転送を行う．コンピュータ A がコンピュータ C へデータ転送を行う場合を考える（図 13.4）．

■データ転送の手順
① 転送を行うコンピュータ A がトークンを受け取る．
② トークンを受け取ったコンピュータ A は，トークンに続けて宛先（アドレス）とデータを伝送路に送信する．
③ コンピュータ C は，アドレスを検出してトークンとデータを受信する．

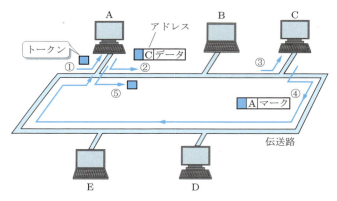

図 13.4　トークンパッシング方式

④ コンピュータ C は，データ受信済みマークを付けたトークンを伝送路に送信する．
⑤ コンピュータ A は，トークンを受け取り，コンピュータ C がデータを受け取ったことを確認すると，トークンを伝送路へ送信する．

この方式は，リング型ネットワークで使用されることが多い．

13.2　ネットワークの構成

ここでは，ネットワークにコンピュータを接続して動作させるための標準的な規約などについて解説する．

13.2.1　クライアント・サーバ型

ネットワークに接続されたコンピュータどうしがどのような立場でデータのやり取りを行うかによってネットワークを分類することができる．

（1）クライアント・サーバ（client server）型
　何らかの処理を要求するクライアントコンピュータと，要求された処理を実行して結果を返すサーバコンピュータをあらかじめ決めておくネットワークである（図 13.5）．一般的には，信頼性が高く，大容量の記憶装置をもったコンピュータをサーバとして設置する．ファイルを管理す

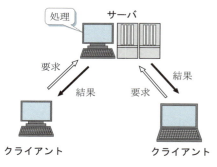

図 13.5　クライアント・サーバ型

るファイルサーバや，電子メールを管理するメールサーバ，プリンタの共有を管理するプリンタサーバなどがある．

（2）ピア・トゥ・ピア（peer to peer）型

サーバ専用としてのコンピュータを設置せずに，状況に応じて各コンピュータが，サーバやクライアントの役割を行うネットワークである（図 13.6）．簡単に構成することができるために，小規模なネットワークでの採用が多い方式である．

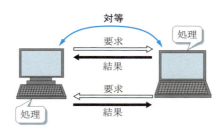

図 13.6　ピア・トゥ・ピア型

13.2.2　プロトコル

クライアント・サーバ型とピア・トゥ・ピア型のどちらの方式を用いるにせよ，ネットワークでは複数のコンピュータが処理の要求や結果をやり取りすることに変わりない．したがって，コンピュータをネットワークに接続して使用するための通信規格を決めておく必要があり，この規約を**プロトコル**（protocol）という．プロトコルでは，ネットワークへの接続方法や通信速度，データ転送の手順などが規定されている．p.129 で学んだ伝送制御方式などもプロトコルによって規定されている．

ネットワークには，異なる機種のコンピュータを接続できることが必要である．このため，ISO（International Organization for Standardization：国際標準化機構）がプロトコルの基本モデルを設定した．このモデルを，**OSI 参照モデル**（open systems interconnection model：開放型システム間相互接続モデル）という．OSI 参照モデルは，図 13.7 に示すような 7 層からなるプロトコルである．

図 13.7　OSI 参照モデル

13.2　ネットワークの構成　131

■ OSI 参照モデル各層のプロトコル
① 物理層（physical layer）
　コネクタ形状や信号電圧，ケーブルの特性など
② データリンク層（data-link layer）
　隣接システム間の伝送路の確保，物理的なエラー検出など
③ ネットワーク層（network layer）
　アドレスの指定，通信経路（コネクション）の確立など
④ トランスポート層（transport layer）
　データの誤り訂正や圧縮法など
⑤ セッション層（session layer）
　送信権制御，優先順位制御，同期制御など
⑥ プレゼンテーション層（presentation layer）
　データの表現形式を共通にする
⑦ アプリケーション層（application layer）
　通信機能をアプリケーションソフトウェアに提供する

インターネットで使用されている標準プロトコルは，**TCP/IP**（transmission control protocol/internet protocol）とよばれる．図 13.8 に OSI 参照モデルと TCP/IP の対応を示す．HTTP はウェブ，SMTP は電子メールに関するプロトコルであり，TCP と UDP（user datagram protocol）はデータ転送に関するプロトコルである．また，イーサネットは CSMA/CD 方式を用いたバス構造の LAN である．

TCP/IP では，データを**パケット**（packet）という小さなブロックに分割して送信する．送信先は IP アドレスで指定し，送信プロトコルには信頼性を重視した TCP，高速性を重視した UDP などが使用される．

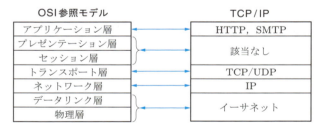

図 13.8　OSI 参照モデルと TCP/IP

13.2.3　ネットワーク用機器

例として，図 13.9 に示すような有線 LAN において使用されるネットワーク用機器について見てみよう．

(1) LAN アダプタ（LAN adapter）

コンピュータをネットワークに接続するための装置であり，**NIC**（network interface card）ともよばれる．多くのパソコンには，この機能があらかじめ内蔵されている．

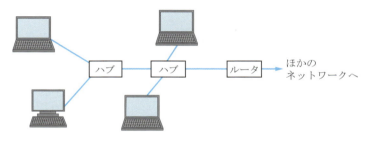

図 13.9　有線 LAN の例

（2）LAN ケーブル（LAN cable）

コンピュータやネットワーク機器の接続に用いるケーブルである．現在では，主として**ツイストペアケーブル**（twisted pair cable）または**光ファイバケーブル**（optical fiber cable）が使用されている．図 13.10 にツイストペアケーブル，図 13.11 に光ファイバケーブルの外観例と内部構造例を示す．とくに長距離や高速転送には，損失の少ない光ファイバケーブルが適している．

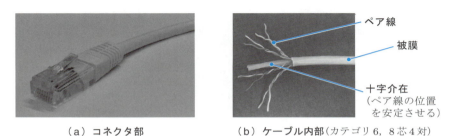

（a）コネクタ部　　　　　　　（b）ケーブル内部（カテゴリ 6，8 芯 4 対）

図 13.10　ツイストペアケーブルの外観例と内部構造例

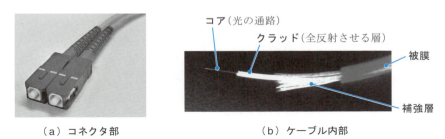

（a）コネクタ部　　　　　　　（b）ケーブル内部

図 13.11　光ファイバケーブルの外観例と内部構造例

（3）ハブ（hub）

LAN 内でネットワーク回線を複数に分岐させる接続装置である．外観例を図 13.12 に示す．

（4）ルータ（router）

複数のネットワークの中から適切な経路を選択する機能をもっているため，LAN を異なるネットワークに接続するために用いられる装置である．図 13.13 に有線用ルータの外観例を示す．

有線のほか，とくにノート型コンピュータやスマートフォンなどでは，無線を用いてネットワークに接続することが多い．図 13.14 に無線用ルータの外観例を示す．なお，一般的な無線用ルータは，1 台のルータに複数のコンピュータを接続できるので，ハブが不要になる．

13.2　ネットワークの構成　　133

図 13.12　ハブの外観例［写真提供：株式会社バッファロー］

図 13.13　有線用ルータの外観例
［写真提供：株式会社バッファロー］

図 13.14　無線用ルータの外観例
［写真提供：株式会社バッファロー］

演習問題

13-1 次の①から④の記述は，集中処理と分散処理のどちらに当てはまるか答えなさい．
　　① システムの全体像を把握するのが容易ではない．
　　② データ管理面での安全対策を取りやすい．
　　③ ホストコンピュータが故障してもシステム全体が停止する可能性は低い．
　　④ コンピュータのダウンサイジングによって，一般的になってきた．

13-2 CSMA/CD 方式において，あるコンピュータがデータ転送を開始する場合に，伝送路にほかのデータが流れているときにはどのような処理が行われるか説明しなさい．

13-3 次の項目は，トークンパッシング方式におけるデータ転送の手順を説明したものである．コンピュータ A がコンピュータ B へデータを転送する場合を考えて，①から⑤を適切な順序に並び替えなさい．
　　① コンピュータ A は，トークンを受け取り，コンピュータ B がデータを受け取ったことを確認すると，データなどを消去したトークンを伝送路へ送信する．
　　② コンピュータ B は，データ受信済みマークを付けたトークンを伝送路に送信する．
　　③ トークンを受け取ったコンピュータ A は，トークンに続けて宛先（アドレス）とデータを伝送路に送信する．
　　④ コンピュータ B は，アドレスを検出してトークンとデータを受信する．
　　⑤ 転送を行うコンピュータ A がトークンを受け取る．

13-4 サーバ・クライアント型のネットワークにおける，サーバコンピュータとクライアントコンピュータが行う処理の違いを説明しなさい．

13-5 プロトコルとは何か説明しなさい．

13-6 インターネットで使用されている標準プロトコルについて説明しなさい．

13-7 異なるネットワークどうしを接続するために使用する機器の名称を答えなさい．

14 コンピュータ設計演習

> **ねらい** この章では，第6章で学んだコンピュータのモデルを設計して動作させる手順を学ぼう．命令セットの実装は，デコーダの設計によって実現できることを確認しよう．また，機能を拡張するための方法についても考察しよう．

14.1 簡易コンピュータの構成

4ビットの演算回路をもった教育用簡易コンピュータの設計と製作例について解説する．ここでは，入手の容易な汎用ディジタルICを用いた製作を前提とするので，ハンダコテを手にして実際に製作するとよい．

14.1.1 仕様

設計する簡易コンピュータの仕様は，以下のとおりとする．

■簡易コンピュータの仕様
- 形式：ノイマン型 RISC
- 制御方式：ワイヤードロジック制御方式
- 演算回路：4ビット全加算器
- 命令長：8ビット（命令コード部4ビット＋オペランド部4ビット）
- 命令数：8個
- アドレッシング：直接アドレッシング，即値アドレッシング
- メモリ制御：DMA（direct memory access）方式
- メモリアドレス：4ビット（$2^4 = 16$ 領域，すべてRAM）
- 入出力：入力4ビット（DIPスイッチ×4），出力4ビット（LED×4）
- 動作周波数：3 Hz 程度

図14.1 に，命令語の構成を示す．命令コード（OP）は4ビット構成であるため，最大16個の命令を設定できるが，簡易コンピュータでは命令数を8個とした．このため，実際には3ビットで全命令を表現することができる．

また，RISCとして，すべての命令は1クロックで実行される．動作周波数（クロック）は，動作の様子を観察しやすいように，3 Hz（周期 $T = 1/3$ 秒）とした．

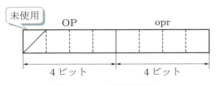

図 14.1 命令語の構成

14.1.2　構　成

　図 14.2 に，簡易コンピュータの構成を示す．この簡易コンピュータは，p.57 ～ p.61 で学んだコンピュータのモデルと同様の動作をする．図 14.3 に製作例の外観を示す．デコーダ（DEC）部は，実装する命令セットによって回路が変更できるようにブレッドボードを配置してある．

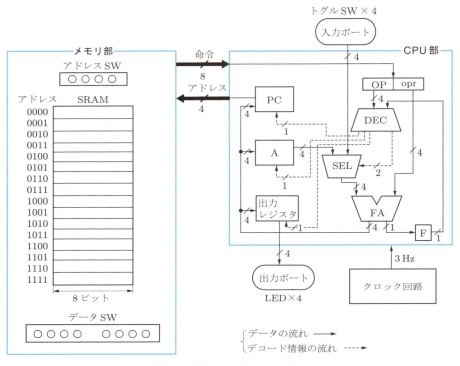

図 14.2　簡易コンピュータの構成

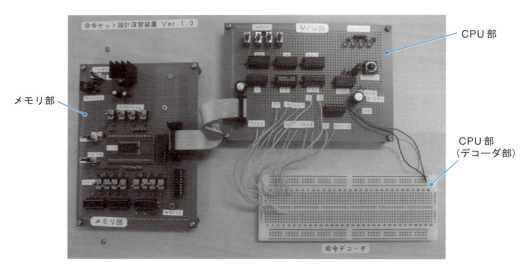

図 14.3　簡易コンピュータの製作例

14.2 CPUの設計

簡易コンピュータのCPU部について解説する．第6章の**ワイヤードロジック制御方式**（p.57）を参照しながら考えるとよい．

14.2.1 演算回路

一般的にはALU（算術論理演算回路）を使用するが，簡易コンピュータでは4ビットの**全加算器**を採用した．したがって，基本演算としては，加算のみを行うことができる．A（4ビット）＋B（4ビット）の加算を実行した答えをΣ（4ビット）とする．また，オーバフローのある場合には，出力C4 = "1"となるために，このデータを**フラグF**（D-FF）にラッチしておき，以降の分岐命令実行時の条件とする．図14.4に全加算器，図14.5にフラグFの構成とICのピン配置を示す．

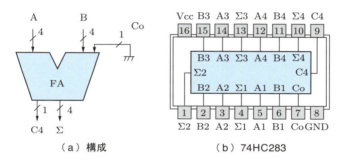

図14.4　全加算器

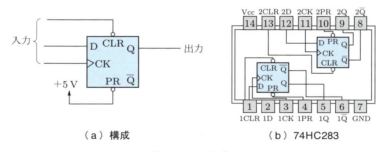

図14.5　フラグF

14.2.2 レジスタ

プログラムカウンタ（PC），汎用レジスタ（A），出力レジスタには，74HC161 を使用する．この IC は，4 ビットの同期型 16 進カウンタであり，入力 $\overline{\text{LOAD}}$ に与えるデータによって，ロードとラッチの動作を切り替えることができる（表 14.1，図 14.6）．

また，入力 $\overline{\text{LOAD}}$ = "1"（ラッチ）の状態で入力 ENABLE（T，P）= "1" とすると，クロックに同期してカウントアップするが，ENABLE（T，P）= "0" ならばカウンタ動作は行わない．したがって，PC は ENABLE（T，P）= "1"，レジスタ A および出力レジスタは ENABLE（T，P）= "0" として使用する．表 14.2 に 74HC161 の動作表，図 14.7 にピン配置を示す．

なお，入力ポートについては，データ保持型のトグルスイッチを使用することで，入力レジスタを省略している．

表 14.1　ロードとラッチ

$\overline{\text{LOAD}}$	機　能
0	ロード
1	ラッチ

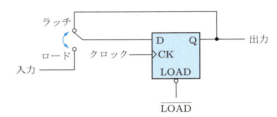

図 14.6　ロードとラッチ（1 ビット分）

表 14.2　74HC161 の動作（φ：don't care）

| 入　力 ||||| 出　力 || 動　作 |
CLEAR	$\overline{\text{LOAD}}$	CK	ENABLE T	ENABLE P	$Q_A Q_B Q_C Q_D$	RIPPLE CARRY	
1	1	⤒	1	1	—	—	カウント
1	0	⤒	φ	φ	$D_A D_B D_C D_D$	—	データセット
0	φ	φ	φ	φ	0000	—	クリア
1	φ	φ	1	φ	1111	1	—

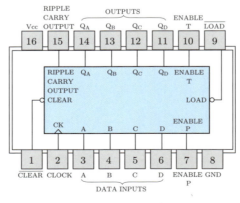

図 14.7　74HC161 のピン配置

14.2.3 制御回路

制御回路は，デコーダとセレクタによって構成される．デコーダは，メモリ部からの命令コード（4ビット，ただし実際は3ビット）およびフラグF（1ビット）を入力データとし，PC，レジスタA，出力レジスタ（各1ビット）およびセレクタ（2ビット）へ計5ビットをデコード情報として出力する．図 14.8 にデコーダの構成を示す．また，表 14.3 にセレクタの動作表，図 14.9（a）に構成，（b）にピン配置を示す．**セレクタ**は，入力 S（S_1）= "ϕ"（don't care），G（S_0）= "1" のときに，Y = "0000" を出力する．

セレクタには 74HC157 を使用するが，デコーダについては回路を設計する必要がある．例として，2個の命令（OUT，JP）とデコーダの入出力関係を示す表 14.4 から，図 14.10 のように

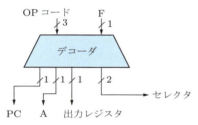

図 14.8 デコーダの構成

表 14.3 セレクタの動作（ϕ：don't care）

入　力		出　力（Y）
S_1（SELECT S）	S_0（STROBE G）	
ϕ	1	0000（オールゼロ）
0	0	A（レジスタ A）
1	0	B（入力ポート）

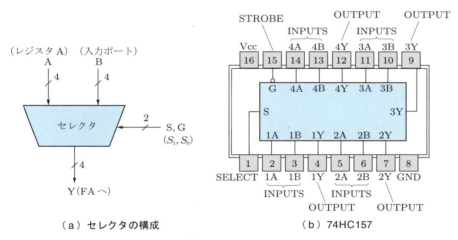

（a）セレクタの構成　　　　　（b）74HC157

図 14.9 セレクタ

表 14.4 命令セットとデコード情報（2命令）

連番	命令	デコーダ入力			デコーダ出力（デコード情報）					機能
		命令コード		フラグ	レジスタ			セレクタ		
		OP	(XYZ)	(opr)	F	PC	A	出力	S_1 (S)	S_0 (G)	
1	OUT I_m	0	000	I_m	ϕ	1	1	0	ϕ	1	I_m→出力ポート
2	JP	0	001	ADR	ϕ	0	1	1	ϕ	1	ADRへジャンプ

未使用 ←

I_m：即値データ
ADR：アドレスデータ
ϕ：don't care（0, 1 いずれでもよい）

14.2　CPU の設計

カルノー図を描いてデコード情報の論理式を求めよう．図14.11に，論理式から得たデコーダ回路を示す．回路は，1個のNOTで構成できる．図14.3に示した製作例では，デコーダ回路への入力信号XYZFとそれらのNOT信号（$\overline{X}\,\overline{Y}\,\overline{Z}\,\overline{F}$）をブレッドボードに取り出してあるので，これらの信号を図14.11のように配線をすれば，2命令が実装できる（図14.12）．実装した2命令（OUT，JP）を使用すれば，リスト1に示すように，出力ポートのLED 4個を任意の点灯状態にしておくプログラムを実行することができる．

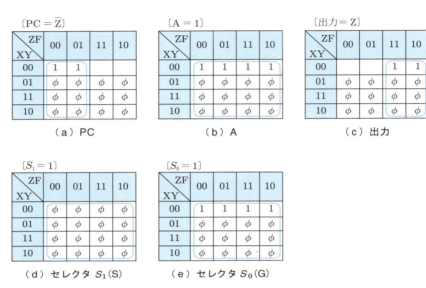

図14.10　2命令デコード情報の簡単化

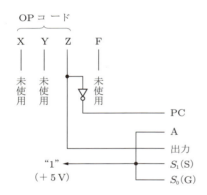

図14.11　2命令デコーダ回路例

図14.12　2命令デコーダ回路の実装例

リスト1　2命令を使用したプログラム例

アドレス	ニーモニック	機械語
0000	OUT 0101	0000 0101
0001	JP 0000	0001 0000

表 14.5 は 5 個の命令とデコーダの入出力関係を示している．図 14.13 のカルノー図を使って，デコード情報の論理式とデコーダ回路を求めてみよう．図 14.14 にこのデコーダの回路例を示す．

表 14.5 命令セットとデコード情報（5 命令）

連番	命令	OP	(XYZ)	(opr)	F	PC	A	出力	S_1(S)	S_0(G)	機能
1	OUT I_m	0	000	I_m	ϕ	1	1	0	ϕ	1	$I_m \to$ 出力ポート
2	JP	0	001	ADR	ϕ	0	1	1	ϕ	1	ADR へジャンプ
3	LD A, I_m	0	010	I_m	ϕ	1	0	1	ϕ	1	$I_m \to$ A
4	OUT A	0	011	0000	ϕ	1	1	0	0	0	A → 出力ポート
5	IN A	0	100	0000	ϕ	1	0	1	1	0	A ← 入力ポート

（デコーダ入力：命令コード，フラグ／デコーダ出力（デコード情報）：レジスタ，セレクタ）

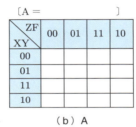

（a）PC

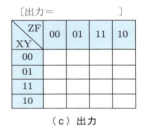

（b）A

（c）出力

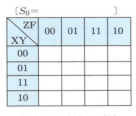

（d）セレクタ S_1(S)　　（e）セレクタ S_0(G)

図 14.13　5 命令デコード情報の簡単化

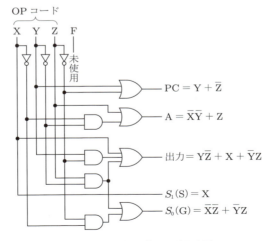

$$PC = Y + \overline{Z}$$
$$A = \overline{X}\overline{Y} + Z$$
$$出力 = Y\overline{Z} + X + \overline{Y}Z$$
$$S_1(S) = X$$
$$S_0(G) = \overline{X}\overline{Z} + \overline{Y}Z$$

図 14.14　5 命令デコーダ回路例

同様に考えれば，表 14.6 に示す 8 個の命令を実装することができる．表の空欄を埋めて，図 14.15 のカルノー図を使って，デコード情報の論理式とデコーダ回路を求めてみよう．図 14.16 にこのデコーダ回路例，図 14.17 にブレッドボード上での実装例を示す．この例では，汎用ロジック IC の 74HC08（AND），74HC32（OR）を各 2 個使用している．

表 14.6　命令セットとデコード情報（8 命令）

連番	命令	OP	(XYZ)	(opr)	F	PC	A	出力	S_1 (S)	S_0 (G)	機能
1	OUT I_m	0	000	I_m							I_m→出力ポート
2	JP	0	001	ADR							ADR へジャンプ
3	LD A, I_m	0	010	I_m							I_m → A
4	OUT A	0	011	0000							A→出力ポート
5	IN A	0	100	0000							A←入力ポート
6	ADD A, I_m	0	101	I_m							A ← A + I_m
7	JPF	0	110	ADR							F = 0 なら ADR へジャンプする F = 1 ならジャンプしない
8	NOP	0	111	0000							何もしない

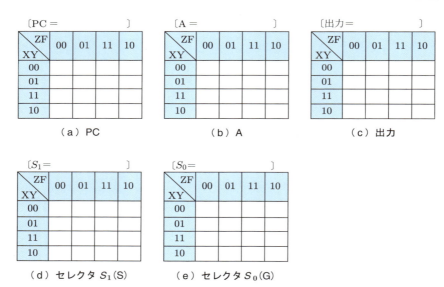

図 14.15　8 命令デコード情報の簡単化

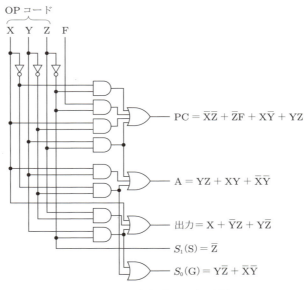

図 14.16　8 命令デコーダ回路例

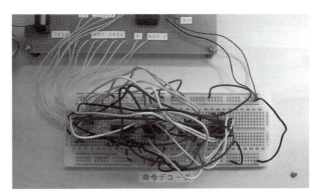

図 14.17　8 命令デコーダ回路の実装例

14.2.4　クロック回路

クロック回路は，NOT ゲート（74HC14）を使用した非安定型マルチバイブレータを使用する（図 14.18）．また，図 14.19 に示すスイッチ回路を設けて，クロックを手動で入力し，1 命令単位で動作をさせることも可能である．

図 14.20 に，CPU 部の回路図を示す．レジスタ A やフラグ F など適当な箇所の出力に LED を接続しておけば信号を容易に確認することができる．

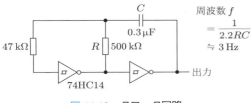

図 14.18　クロック回路

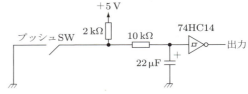

図 14.19　手動クロック入力回路

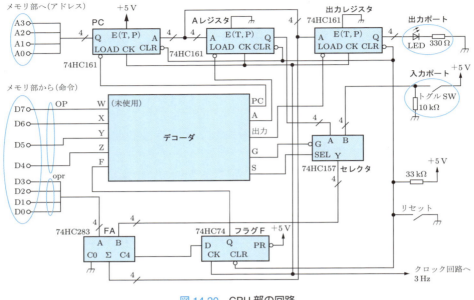

図 14.20 CPU 部の回路

14.3 メモリ回路の設計

簡易コンピュータのメモリ部について解説する．第 7 章の＜ SRM2B256SLMX55 の特徴 ＞（p.70）を参照しながら考えるとよい．

14.3.1 DMA 回路

DMA（direct memory access）は，CPU を介さず，メモリに対して直接的にデータアクセスを行う方法である．ここでは，プログラムデータの書込みと確認のための読取りをスイッチ操作によって直接的に行うことを指す．

図 14.21 に，簡易コンピュータの DMA 構成を示す．

この回路では，次の 3 通りのモードを設定する．

- モード 1（書込み）：4 ビットのアドレススイッチと 8 ビットのデータスイッチを操作して，メモリにプログラムデータを書き込む．メモリは，CPU と切り離す．
- モード 2（読取り）：4 ビットのアドレススイッチを操作して，任意のアドレスに書き込まれているプログラムデータを LED の点灯によってチェックする．メモリは，CPU と切り離す．
- モード 3（CPU 実行）：アドレススイッチとデータスイッチをメモリから切り離し，メモリを CPU に接続してプログラムデータを実行する．

これらのモードを実現するためには，図 14.21 にある 4 個のスイッチを操作すればよいが，各スイッチは複数ビットであるため，**半導体スイッチ**を採用する．半導体スイッチとして，図 14.22 の 3 ステートバッファ，図 14.23 のスイッチングダイオードを用いた回路を使用した．

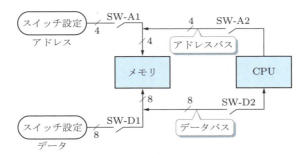

図 14.21　DMA の構成

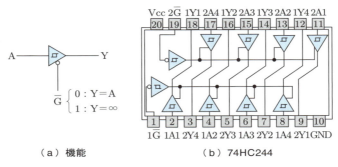

（a）機能　　　　　　　（b）74HC244

図 14.22　3 ステートバッファ

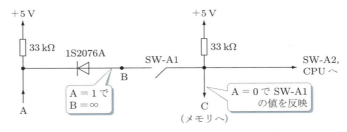

図 14.23　ダイオードを用いたスイッチ回路

3 ステートバッファは CPU−メモリ間（SW-A2, SW-D2），スイッチングダイオードはアドレス／データスイッチ−メモリ間（SW-A1, SW-D1）に配置した．

半導体スイッチで構成した 4 組のスイッチは，2 個のトグルスイッチ操作（手動）によって，3 種のモードを切り替える（表 14.7）．

図 14.24 に，メモリ部の回路を示す．

表 14.7　モードの切り替え

手動 SW		ダイオード	3 ステート	ダイオード	3 ステート	モード
SW-A	SW-D	SW-A1	SW-A2	SW-D1	SW-D2	
DMA	DMA	有効	断線	有効	断線	モード 1（書込み）
DMA	RUN	有効	断線	断線	断線	モード 2（読取り）
RUN	DMA	断線	断線	有効	断線	未使用
RUN	RUN	断線	導通	断線	導通	モード 3（CPU 実行）

14.3　メモリ回路の設計　145

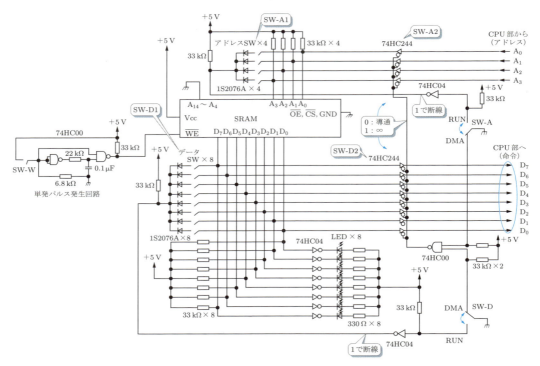

図 14.24　メモリ部回路

14.3.2　メモリ IC

　メモリ IC は，リフレッシュの不要な SRAM を採用する．データ長は 8 ビット，アドレス長は 4 ビット（16 領域）であるが，このような小容量の SRAM は入手できない．したがって，たとえば，M5M5257DFP-70LL や SRM2B256SLMX55（データ長 8 ビット × 32768 領域 = 32 kB）のような比較的小容量の SRAM を使用する．この場合は，アドレスピン（A0 〜 A14）のうち，下位 4 ビット（A0 〜 A3）のみを使用し，残り（A4 〜 A14）は "0" に接地して未使用とする．IC のピン配置などは，p.70 の図 7.9 に示してある．SRAM は，フラットパッケージ型を採用したため，ピン変換用基板を用いて製作を行うとよい（図 14.25）．

図 14.25　SRAM とピン変換用基板

14.3.3 書込みパルス発生回路

表 14.8 に，使用した SRAM の動作を示す．制御用入力ピンは，$\overline{CS}$，$\overline{WE}$，$\overline{OE}$ の 3 本であるが，このうち，$\overline{CS}$ = "0"，$\overline{OE}$ = "0" としておけば，$\overline{WE}$ = "1" で読取り，$\overline{WE}$ = "0" 書込み動作を行うことができる．

データの読取り時には，アドレススイッチを設定すれば，そこに格納されたデータが取り出せる．一方，書込み時には，アドレススイッチとデータスイッチを設定した後に，適当な長さの単発パルス "0" を $\overline{WE}$ に入力する必要がある．

このための単発パルス発生回路を図 14.26 に示す．

表 14.8　SRAM の動作

端　子			モード	データピン DQ	消費電流
$\overline{CS}$	$\overline{WE}$	$\overline{OE}$			
1	φ	φ	非選択	ハイインピーダンス	スタンバイ
0	0	φ	書込み	入力	動作
0	1	0	読取り	出力	動作
0	1	1		ハイインピーダンス	動作

φ：don't care（0，1 いずれでもよい）

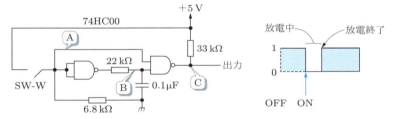

図 14.26　単発パルス発生回路

■単発パルス発生回路の動作

① プッシュスイッチ SW-W が OFF のとき，点 A = "0"，点 B = "1"，点 C = "1" となり，コンデンサ（0.1 μF）は充電状態となる．
② SW-W を ON にすると，点 A = "1" となり，点 B はコンデンサの放電後に "0" となる．

放電中は点 A = "1"，点 B = "1" なので，点 C = "0" であるが，放電後は点 A = "1"，点 B = "0" なので，点 C = "1" である．したがって，SW-W を ON にした直後から，コンデンサが放電するまでの短時間だけ，点 C に "0" の単発パルスが発生する．

14.3.4 電源回路

図 14.27 に，電源回路を示す．3 端子レギュレータ IC（NJM 7805）を使用した一般的な電源回路（安定化電圧 5 V，電流 1 A 程度）である．また，使用した SRAM は，3.0 V 程度の電圧を加えておくことで，メモリバックアップが可能であるため，乾電池などを用いたバックアップ回路を付加することも可能である．

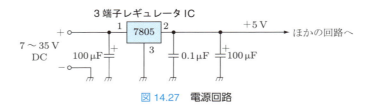

図 14.27 電源回路

14.3.5 プログラミング

(1) 入出力プログラム例

リスト 2 は，入力ポートに設定した 4 ビットデータをレジスタ A 経由で出力ポートへ出力するプログラム例である．

リスト 2 入出力プログラム例

アドレス	ニーモニック	機械語
0000	IN A	0100 0000
0001	OUT A	0011 0000
0010	JP 0000	0001 0000

■プログラム入力
① SW-A，SW-D をどちらも DMA にする．
② アドレススイッチを 0000，データスイッチを 0100 0000（IN A）に設定して，SW-W を押す．
③ アドレススイッチを 0001，データスイッチを 0011 0000（OUT A）に設定して，SW-W を押す．
④ アドレススイッチを 0010，データスイッチを 0001 0000（JP 0000）に設定して，SW-W を押す．
⑤ SW-A → DMA，SW-D → RUN にして，アドレススイッチを操作すれば，入力したプログラムデータを LED の点灯によってチェックできる．

■プログラム実行
① SW-A，SW-D をどちらも RUN にする．
② リセットスイッチを押す．

（2）タイマプログラム例

リスト3は，出力ポートのLED4個を点滅するプログラム例である．タイマ部は，4ビットの全加算器がオーバフローするまでループするため，（2命令 × 16回）×（1/3）≒ 11 s となる．

リスト3　タイマプログラム例

アドレス	ニーモニック	機械語	
0000	LD A, 0000	0010 0000	初期化
0001	OUT 0000	0000 0000	
0010	ADD A, 0001	0101 0001	} タイマ
0011	JPF 0010	0110 0010	
0100	OUT 1111	0000 1111	
0101	ADD A, 0001	0101 0001	} タイマ
0110	JPF 0101	0110 0101	
0111	JP 0000	0001 0000	

✎ 演習問題

14-1 簡易コンピュータでは，出力ポートにレジスタが接続されているが，入力ポートには接続されていない．この理由を説明しなさい．

14-2 簡易コンピュータの拡張① 〜 ③について，変更対象となる部分などについて答えなさい．

① 命令数の拡張　　② 演算回路の拡張　　③ 汎用レジスタの拡張

14-3 リスト4を完成しなさい．また，これは，どのような動作をするプログラムか説明しなさい．

リスト4　入出力プログラム例

アドレス	ニーモニック	機械語
0000	LD A, 0000	
0001	OUT 0001	
0010	ADD A, 0001	
0011	JPF 0010	
0100	OUT 0011	
0101	ADD A, 0001	
0110	JPF 0101	
0111	OUT 0111	
1000	ADD A, 0001	
1001	JPF 1000	
1010	OUT 1111	
1011	ADD A, 0001	
1100	JPF 1011	
1101	JP 0000	

14.3　メモリ回路の設計　149

付録 A

＜n ビットの符号なし整数の部分積 P_{i+1} についての確認．p.50 参照＞

$$P_{i+1} = 2^{-1}(P_i + y_i X 2^n) \tag{5.7}$$

たとえば，$n = 4$ ビットのとき，$i = 0$ から $i = n - 1 = 3$ までを代入していく．

$$i = 0 : P_1 = 2^{-1}(P_0 + y_0 X 2^4)$$
$$i = 1 : P_2 = 2^{-1}(P_1 + y_1 X 2^4)$$
$$i = 2 : P_3 = 2^{-1}(P_2 + y_2 X 2^4)$$
$$i = 3 : P_4 = 2^{-1}(P_3 + y_3 X 2^4)$$

P_4 の式に，P_3, P_2, P_1 の順に式を代入していく．

$$P_4 = P_0 2^{-4} + X(y_3 2^3 + y_2 2^2 + y_1 2^1 + y_0 2^0) = P_0 2^{-4} + XY \tag{A.1}$$

式（A.1）において，$P_0 = 0$ とすると，式（A.2）が得られる．

$$P_4 = XY \tag{A.2}$$

付録 B

＜n ビットの 2 の補数表現された整数の部分積 P_{i+1} についての確認．p.50 参照＞

$$P_{i+1} = 2^{-1}\{P_i + (y_{i-1} - y_i)X 2^n\} \tag{5.8}$$

$n = 4$ ビット，$Y = (y_3 y_2 y_1 y_0)$，10 進数で表した Y の値を $v(Y)$ とする．

$$v(Y) = -y_{n-1} \cdot 2^{n-1} + y_{n-2} \cdot 2^{n-2} + y_{n-3} \cdot 2^{n-3} + y_{n-4} \cdot 2^{n-4} \tag{B.1}$$

この式の MSB は，

$$Y \geqq 0 \text{ のとき，符号ビット } y_{n-1} = 0 \text{ より，} -y_{n-1} \cdot 2^{n-1} = 0$$

となり，

$$Y < 0 \text{ のとき，符号ビット } y_{n-1} = 1 \text{ より，} -y_{n-1} \cdot 2^{n-1} = -8$$

となる．このため，たとえば，

$$Y = 0101 \text{ のとき，} v(Y) = 0 + 4 + 0 + 1 = 5$$
$$Y = 1101 \text{ のとき，} v(Y) = -8 + 4 + 0 + 1 = -3$$

のようになる．つまり，式（B.1）は，Y の正負によらず成立する．

ところで，$2^i = 2^i(2^1 - 1) = 2^{i+1} - 2^i$ より，次式が得られる．

$$2^i = 2^{i+1} - 2^i \tag{B.2}$$

式 (B.2) の i を $n-2$, $n-3$ などとして，式 (B.1) に代入する．

$$v(Y) = -y_{n-1} \cdot 2^{n-1} + y_{n-2} \cdot (2^{n-1} - 2^{n-2}) + y_{n-3} \cdot (2^{n-2} - 2^{n-3})$$
$$+ y_{n-4} \cdot (2^{n-3} - 2^{n-4}) \tag{B.3}$$

式 (B.3) を整理して，式 (B.4) とする．

$$v(Y) = (y_{n-2} - y_{n-1}) \cdot 2^{n-1} + (y_{n-3} - y_{n-2}) \cdot 2^{n-2} + (y_{n-4} - y_{n-3}) \cdot 2^{n-3}$$
$$- y_{n-4} \cdot 2^{n-4} \tag{B.4}$$

$y_{n-5} = 0$ として式 (B.4) の右辺の最後の項を書き換えて，式 (B.5) とする．

$$v(Y) = (y_{n-2} - y_{n-1}) \cdot 2^{n-1} + (y_{n-3} - y_{n-2}) \cdot 2^{n-2} + (y_{n-4} - y_{n-3}) \cdot 2^{n-3}$$
$$+ (y_{n-5} - y_{n-4}) \cdot 2^{n-4} \tag{B.5}$$

Y' が符号なし整数のときは，式 (B.6) が成立する．

$$v(Y') = y_{n-1} \cdot 2^{n-1} + y_{n-2} \cdot 2^{n-2} + y_{n-3} \cdot 2^{n-3} + y_{n-4} \cdot 2^{n-4} \tag{B.6}$$

このときの部分積 P_{i+1} は，p.50 の式 (5.7) で計算できる（付録 A 参照）．

$$P_{i+1} = 2^{-1}(P_i + y_i X 2^n) \tag{5.7}$$

式 (B.6) の y_{n-1}, y_{n-2}, y_{n-3}, y_{n-4} は，式 (5.7) の y_i に対応している．同様に，式 (B.5) の $(y_{n-2} - y_{n-1})$, $(y_{n-3} - y_{n-2})$, $(y_{n-4} - y_{n-3})$, $(y_{n-5} - y_{n-4})$ を式 (5.7) に対応させると，式 (5.8) が得られる．

$$P_{i+1} = 2^{-1}\{P_i + (y_{i-1} - y_i) X 2^n\} \tag{5.8}$$

付 録 **151**

演習問題解答

第1章

1-1 コンピュータアーキテクチャとは，ハードウェアとソフトウェア（とくにOS），さらにはコンピュータの設計思想や開発技術を包括した用語である．

1-2 トレードオフとは，「あちらを立てればこちらが立たず」という状況での妥協を意味する．

1-3 汎用性と高速性，価格と高速性，操作性と専門性などがある．

1-4 ある機能を実現する場合に，ソフトウェアを重視すると拡張性が高まるが，高速性が損なわれ，ハードウェアを重視するとこの逆の結果となる場合などがある．

1-5 多項式を加算として計算できる．

1-6 コンピュータの定義を「プログラムによって計算を自動的に行う機械」とした場合においては，解析エンジンがこの定義を満たした計算機であったためである．

1-7 ① ABCマシンは，アタナソフらによって試作された世界初の電子式ディジタル計算機であるが実用化には至っていない．また，電子式論理回路や回転式リフレッシュメモリなどの新しい技術を搭載した計算機ではあったが，与えられたプログラムによって動作するプログラム制御方式を実現してはいなかった．

② ENIACは，モークリらによって弾道計算用の電子式計算機として実用化された．配電盤を用いてプログラムを与えるプログラム制御方式を実現した．この方式は，プログラム固定内蔵方式とよばれる．

③ EDSACは，ウィルクスによって開発された，プログラム可変内蔵方式を採用した実用的な電子式計算機である．

1-8 ノイマンは「EDVACに関する報告書」という草稿を単独名で書いた．高名なノイマンのまとめた資料であることや，コンピュータの基本ともなる概念が記載されていたために大きな注目を集めたことが原因だと考えられる．

1-9 価格の安い計算尺や，高価だが便利な手回し式計算機が盛んに使われていた時代である．また，日本製の世界初オールトランジスタ式卓上計算機は，この時代に開発された．

1-10 マイコンは，電気製品や自動車などの制御対象内部に組み込まれるコンピュータである．したがって，CPUやメモリ，各種周辺回路を同一チップの中に収め，動作速度よりも小型化を重視して設計されることが多い．一方，パソコンは，汎用性を重視した一般への普及型コンピュータである．

1-11 高性能で汎用性の高い小型コンピュータの実現が可能になった（p.8）．

第2章

2-1 プログラム可変内蔵方式，逐次処理方式，単一メモリを備えていることなど（説明については，p.12）．

2-2 CPUが開発される前は，用途ごとに異なるICを設計，製作する必要があり，そのためには膨大な時間と経費を要した．しかし，CPUを使えば，用途に合わせたプログラムを用意すればよく，どのような処理にも柔軟に対応できるようになった．

2-3 ① 算術演算や論理演算を行う装置　② 高速な動作をする小容量メモリ
③ 演算を行うのに使用する特別なレジスタ．汎用レジスタを使用できるCPUもある．

2-4 実行した命令や，その実行結果によってあらかじめ決まった動作をする．

2-5 命令の取出し，命令の解読，命令の実行の3ステップ，つまり1個の命令が実行されるまでの流れを命令実行サイクルという．

2-6 ① プログラムカウンタで示されるアドレス（0049番地）をメモリアドレスレジスタへ送る．
② メモリの0049番地に格納されている命令を命令レジスタへ取り出す．

152　演習問題解答

③ 取り出した命令の命令コード（LD）をデコーダに送り解読する．

④ 解読した情報に基づいて，命令実行に必要な制御信号を出力する．

⑤ 命令レジスタのオペランドに記述されているアドレス（A 番地）をメモリアドレスレジスタへ送る．

⑥ メモリの A 番地に格納されているデータ（72）を汎用レジスタ r へ転送する．この結果，汎用レジスタ r の格納データは，15 から 72 に変更される．

⑦ フラグレジスタを設定する．

⑧ 次に実行する命令のアドレスをプログラムカウンタに設定する．

2-7 データをメモリの下方の領域から順に積み上げるように格納していき，データを取り出す際には逆の順序でメモリの上方から順に行う．これを，先入れ後出し（FILO：first in last out）方式という．

2-8 ノイマン型コンピュータでは，ハードウェア構成を簡単にするために，同じメモリに命令（プログラム）とデータを共存させている．したがって，メモリからの命令の取出しや，CPU とメモリ間のデータ転送がバスの使用権をめぐって競合（衝突）してしまうことが避けられない．これは，コンピュータ全体の性能にかかわる問題となっている．

2-9 チップセットは，パソコンの備えている多くの機能間を流れるデータを制御している LSI である．

✏️ 第 3 章

3-1 命令コードは操作方法，オペランドは操作対象となるデータを指定する．

3-2 2 オペランド命令は，使用するオペランドが 2 個でよいが，操作後にはソースオペランドの 1 個にあったデータは消失する．3 オペランド命令は，命令が長くなってしまうが，操作後もソースオペランドのデータが残っている．

3-3 短い命令長を採用すればハードウェアを簡単化できることが多いが，複雑な処理を実行する場合には多くの命令を組み合わせて使用する必要が生じる．

3-4 CPU の備えているすべての命令の集まりである．

3-5 資料が入手しやすい CPU，たとえば，RX，PIC などについて調べるとよい．

3-6 CPI ＝ 2 クロック，TPI ＝ $2 \times 1 / (10 \times 10^6) = 0.2$ μs

3-7 アドレッシングの結果，最終的に参照されるアドレスである．

3-8 ① 102　② 105　③ 99　④ 100

3-9 プログラムカウンタに格納されているデータは現在実行中の命令のアドレス，基底レジスタに格納されているデータはプログラムの先頭番地を表している．

3-10 オペランドの記述をそのままにしておいても，はじめに参照したメモリの内容を書き換えることで処理対象とするデータを変更できる．ただし，メモリを 2 回参照するために処理速度は遅くなる．

3-11 メモリを参照する必要がないので，データ格納領域を節約でき，高速な処理が可能となる．しかし，データが命令に埋め込まれてしまっているため，データの変更が容易ではない．

✏️ 第 4 章

4-1 （A）命令　（B）データ　（A と B は順不同）

（C）メモリ　（D）フォン・ノイマンのボトルネック　（E）ハードウェア構成

（F）命令用キャッシュメモリ　（G）データ用キャッシュメモリ　（F と G は順不同）

4-2 p.12 に示したノイマン型コンピュータの特徴である単一メモリ方式を満たしていない．

4-3 命令を格納するプログラムメモリとデータを格納するファイルレジスタ（または，データメモリ）が分離しており，それぞれに別のバスが接続されている．

4-4 プログラムバスは 14 ビット，データバスは 8 ビットのサイズである．ハーバードアーキテクチャでは，命令長をデータバスと揃える必要がないために，任意の命令長を採用することができる．

4-5 命令セットの高機能化に伴い，ハードウェアは複雑化していた（CISC）．このため処理の高速化が困難になり，開発期間も長期になっていた．RISC では，単純な命令セットを簡単なハードウェアで実行する．これによってハードウェアの高速化と開発期間の短縮を目指した．

4-6
比較項目	RX621	PIC16F84A
① 命令数	90 個	35 個
② 命令長	命令によって異なる（可変長命令方式） 1〜8 バイト	一定（固定長命令方式） 14 ビット
③ 命令実行の クロック数	命令によって異なる 1〜22 クロック	基本的には，1 命令を 4 クロックで実行

4-7 たとえば，乗除算演算などを行う場合，RISC では単純な命令を組み合わせて，乗除算アルゴリズムを実現する長いプログラムを記述しなければならない．一方，CISC では，複雑な命令セットの使い方を学べば，1 命令によって目的の処理を行える場合もある．

📘 第 5 章

5-1 3 増しコードは，データ 0 とデータが存在しないことを区別することが容易となる．また，MSB の値で四捨五入の判断ができる．
　グレイコードは，10 進数のデータが 1 変化する場合に，対応するコードのビットが 1 箇所のみ変化するため，A-D 変換器に用いるのに適している．

5-2 図 5.1（c）の 3 ビットのグレイコードを基に作成する（解図 5.1）．

5-3 アンパック形式（JIS）（0011 0011 0011 1000 1100 0110）
　　パック形式（0011 1000 0110 1100）

5-4 符号と絶対値表現（1011 1000）
　　2 の補数表現（1100 1000）

5-5 ① 整数部を 0 以外の 1 桁に調整する．
② 2 進数を正規化すると整数部は必ず 1 になるため，この 1 を省略して 1 ビットを節約する．
③ 指数に正数のみを使用するようにある値を加算する．
④ 10 進数の小数の多くは，2 進表現に変換した場合に循環小数となる．これを有限の仮数部ビットで表したときに生じる誤差である．

5-6 ① 0010　　② 0111
5-7 ① (1111 0111)　　② (0001 1100)
5-8 ① (1100 1111)　　② (0000 1010)
5-9 ① 商 0111　剰余 0001　　② 商 1001　剰余 0100

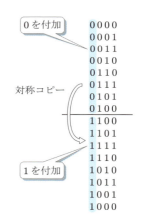

解図 5.1

📘 第 6 章

6-1 ワイヤードロジック制御方式を用いると，多くの命令を有した CISC では制御信号も多種となるため，配線が複雑になってしまう．一方，命令数の少ない RISC においては，デコード情報をそのまま制御信号として高速な制御を行うことが可能となる．

6-2 マイクロプログラム制御方式では，制御信号を生成するのがマイクロ命令であるために高速化の点では不利である．しかし，マクロ命令数が増加しても制御部の配線を簡素化することが可能である．上記の 6-1 の解答の前半も参照．

6-3 参照．

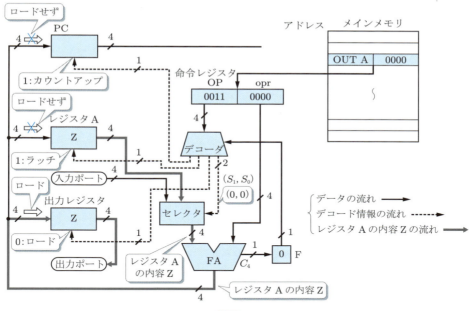

解図 6.1

6-4 マクロ命令はメインメモリ，マイクロ命令は制御メモリに格納された命令である．マクロ命令は，マイクロ命令の集まったマイクロプログラムによって実行される．

6-5 ソフトウェア（マクロ命令の集合）とハードウェア（ワイヤードロジック制御部）の間に位置するため．

6-6 マイクロプログラム制御方式では，制御メモリの内容を変えればマクロ命令の動作を変更できるので，ワイヤードロジック制御方式に比べて設計変更に柔軟に対応することができる．

6-7 ＜水平型の特徴＞
・デコーダを必要としない．
・マイクロプログラムのステップ数が短くて済むが，制御メモリの1語あたりのビット幅は長くなる．
・マイクロ命令とハードウェアの対応がわかりやすいので，設計が容易になる．
・高速な動作を行うことができる．
＜垂直型の特徴＞
・制御メモリの1語あたりのビット幅は短くてよいが，マイクロプログラムのステップ数は長くなる．
・デコード時間が必要となる．
・高速に動作させるためには，制御メモリのアクセス速度がとくに重要な要因となる．
・水平型と比べるとマイクロ命令のビット使用効率は高い．

第7章

7-1 主記憶装置／補助記憶装置，メモリ媒体の種類，揮発性／不揮発性，RAM／ROM，アクセス方式，可搬性などの観点から分類できる．

7-2 アクセス速度と記憶容量．

7-3 DRAMは一定時間を過ぎると記憶内容が消失してしまう．したがって，DRAMでは，記憶内容が消失する前に記憶内容を読み取って再書込みを行う操作が必要となる．また，データを読み取った後にもリフレッシュ操作が必要となる．

7-4 SRAM は，高価だが高速に動作する．DRAM は，大容量化を安価に実現できる利点がある．

7-5 メモリをバンクに分割しておき，各バンクから同時にデータを取り出すことで，アクセス回数を減らして高速化する方式である．

7-6 NAND 型は，セルを密にして配線するために，高密度化が容易であり，シーケンシャルアクセスに適している．NOR 型は，配線が複雑になるために高密度化が困難であるが，ランダムアクセスに適している．

7-7 記憶容量 $= 300 \times 20 \times 5000 = 30\,GB$　（$1000\,kB = 1\,MB$, $1000\,MB = 1\,GB$ とした）

7-8 平均回転待ち時間 $= 60 \div 7200 \div 2 = 4.2\,ms$
データ転送速度 $= 300 \div (60 \div 7200) = 36\,kB/ms$
データ転送時間 $= 500 \div 36 = 13.9\,ms$
したがって，アクセス時間 $= 5 + 4.2 + 13.9 = 23\,ms$

7-9 内周付近と外周付近を同じ記憶密度にして，より大量のデータを記憶できるようにするため．

7-10 EFM 方式では，8 ビットのデータを，"1" が連続しない 14 ビットのデータに変換する．これは，"1" が連続したデータの場合でも長さの短いピットが連続して現れないようして読取りエラーを防ぐためである．

7-11 データ書込み時に，読取り時よりも強いレーザ光を照射してディスクの有機色素でできた記憶層を加熱溶解し，隣接するポリカーボネート基板上にピットを形成する．

7-12 記録層に強力なレーザ光を照射して 600℃以上に加熱すると，分子が流動状態になる．ここで，レーザ光の照射を止めると急速に冷えて，分子がバラバラの状態で固まり，アモルファス状態になる．また，レーザ光の強度を弱くして，記憶層を 400℃程度まで加熱してからレーザ光の照射を止めると，分子が整列したクリスタル状態となる．

7-13 BD 装置では，トラック間隔やピット長，レーザ光のスポット径などをより小さくして高密度化を図っている．

✎ 第8章

8-1 空間的参照局所性：一度アクセスされたアドレスに近いアドレスは，近い時間内にアクセスされる可能性が高い．
時間的参照局所性：一度アクセスされたアドレスは，近い時間内に再びアクセスされる可能性が高い．

8-2 4.64 ns

8-3 高速なメモリほど高価になるために，小容量であってもより高速な 1 次キャッシュメモリを CPU の近くに配置し，大容量で高速な 2 次キャッシュメモリを主記憶装置の近くに配置することで，速度と価格のトレードオフを決める．

8-4 ハードウェアはフルアソシアティブマッピング方式よりも簡単であり，データ転送の自由度はダイレクトマッピング方式よりも大きい．つまり，「ハードウェアの複雑さ」と「データ転送の自由度」のトレードオフの観点から多く採用されている．

8-5 キャッシュメモリにおいてミスヒットが生じ，かつ空き領域がない場合．
LRU 法は，もっとも長い時間，アクセスされることのなかったブロックを追い出す．

8-6 主記憶装置とキャッシュメモリの内容が不一致になる時間があること．

8-7 ライトスルー方式
　　長所：メモリの一致性問題を回避できる．制御が簡単である．
　　短所：データの書込み処理時には，高速アクセスは実現しない．
ライトバック方式
　　長所：データの書込み処理時でも高速アクセスが可能である．
　　短所：メモリの一致性問題が生じる．制御が複雑である．

8-8 キャッシュメモリ：高速化の実現．
仮想メモリ：限られた大きさの主記憶装置をあたかも大容量化したように使用する．

8-9 仮想アドレスと実アドレスの対応付けを行うこと.

8-10 仮想メモリでは,実メモリ（主記憶装置）と仮想メモリ（補助記憶装置）においてメモリの一致性問題が生じる.

8-11 インターナルフラグメンテーション：ページング方式においてページ内に無駄な領域ができること.

　　　エクスターナルフラグメンテーション：セグメンテーション方式において主記憶装置との転送を繰り返していると主記憶装置内に無駄な領域が生じること.

8-12 過去に参照した仮想アドレスのページ番号と,それに対応する実アドレスを記憶させておくメモリである.

8-13 一般のメモリのように0番地から順次にアドレスが割り振られているわけではなく,ある仮想アドレスのページ番号が記憶されているかどうかを検索することによって対応データが決まる.つまり,記憶内容からの連想によって対応データを決めるメモリであるため.

8-14 仮想メモリの主目的は,実行するプログラムの格納領域を増加させることであり,その制御はキャッシュメモリより複雑になる.高速性はさほど重視しないため,ハードウェアの負担を軽くし,かつ柔軟な制御が行えるようにOS（ソフトウェア）が主体となって制御を行っている.

第9章

9-1 プログラム中で明示的に記述される割込みをトラップ,暗黙的に実行される割込みを例外という.トラップにはSVC命令,例外には算術的なオーバフローなどがある.

9-2 サブルーチンはユーザプログラムの範囲内で動作するのに対し,トラップはOSレベルの制御（特権命令の実行）を行える.

9-3 復帰しても通常処理の再開が期待できない場合などに,復帰せずにそのままコンピュータの動作を停止する.

9-4 内部割込みにおける例外である.

9-5 もっとも優先度の高い割込みだと考えることができる.

9-6 ① 割込み発生時の分岐先アドレス
　　　② 複数の割込みに対する,それぞれの割込みベクタ（分岐先アドレス）を示した表
　　　③ 割込み発生時に実行される割込みルーチン

9-7 ノンマスカブル割込みは受付を禁止できないが,マスカブル割込は禁止できる.

9-8 一般的には,割込みが発生した時点で処理している機械語命令の実行を終えてから割込みの受付を行うため,割込みの発生から受付までに待ち時間を生じる.しかし,CISCでは1命令が多数のクロックで実行される場合があるため,実行時間の長い命令に対しては,その命令の実行を中断してすぐに割込みを受け付けることもある.

9-9 ① PCやフラグレジスタの値をスタックに待避する.
　　　② ほかの割込みの受付を禁止する.
　　　③ 割込みベクタに分岐する.
　　　④ 割込みルーチンを実行する.
　　　⑤ 復帰命令により復帰の処理を開始する.
　　　⑥ 待避していたPCやフラグレジスタの値をスタックから復元し,中断していた通常ルーチンを再開する.

9-10 割込みの優先度を判定して適切な割込みベクタを指示する.

9-11 プログラムが暴走した場合にリセットが実行される.

演習問題解答　157

第10章

10-1 パイプライン処理：8クロック

逐次処理：20クロック

10-2 パイプライン処理では，もっとも長いステージを基準にして処理時間を決める必要があるため，それ以下の時間で処理できる場合は待ち時間ができてしまう．

10-3 ① データハザード　② 制御ハザード　③ 構造ハザード

10-4 ① 分岐予想　② 遅延分岐

10-5 多くのステージによってパイプライン処理を行う方式をスーパーパイプラインという．いくつ以上のステージ数をスーパーパイプラインとよぶかは決められていない．

10-6 パイプライン処理において，動作速度をより向上させるためには，各ステージの実行速度を高速化する必要がある．したがって，スーパーパイプラインでは，1ステージあたりの処理を簡単化して高速化するために，ステージをさらに分割する．

10-7 並列処理できる命令の組み合わせが存在すること．

10-8 VLIW方式では，複数個のALU機能などを用意する必要がないために，ハードウェアは簡単になる．しかし，各スロットを活用できるように命令をスケジューリングする必要があるため，コンパイラの負担は大きくなる．

10-9 VLIWは，1組の命令で複数の機能を同時に動作させる方式である．一方，SIMDは，1個の命令で複数のデータを同時に処理する方式である．

10-10 複数のCPUで同一のメインメモリを共有するシステムである．各CPUでは，メインメモリに格納されている同じOSが動作する．

第11章

11-1 インメモリのアドレスに，入出力装置用のレジスタを割り当てておき，通常の転送命令によって入出力を行う方式．

　長所：特別な入出力用の命令を用意する必要がない．

　短所：メインメモリの特定領域をプログラム領域として使用できない．

11-2 直接制御方式は，CPUの負担は大きいがハードウェアは簡単になる．

11-3 入出力処理をほかのハードウェアが担当するので，CPUの負担が軽くなる．

11-4 データ転送が完了したことを割込みによってCPUに通知する．

11-5 どちらも制御用プログラムはメインメモリに格納されている．DMAでは，制御用プログラムをCPUが実行するのに対し，チャネル方式では，チャネル内の制御専用のCPUが実行する．

11-6 ① ポーリング：ハードウェアは簡単だが処理時間は遅い．

　デイジーチェーン：ハードウェアは比較的簡単であり，処理時間は速い．また，CPUに近い装置が選択される．

② プライオリティエンコーダを用いた割込み信号検出回路

11-7 セレクタチャネルは，あるチャネルプログラムが終了するまで入出力装置を固定しておくため，マルチプレクサチャネルよりも高速なデータ転送に適している．

11-8 有線式はUSB，無線式はBluetoothによる接続が一般的である．有線式は，キーボードやマウスを動作させる電源をパソコンから得ることができるが，操作時に接続ケーブルが邪魔になることがある．無線式は，キーボードやマウスに内蔵されている電池切れに注意しなければならない．また，パソコンに無線インタフェースが搭載されていない場合は，BluetoothアダプタをパソコンのUSB端子に接続するなどの準備が必要となる．

11-9 プラズマディスプレイ（PD：plasma display）は，放電による発光を利用したディスプレイである．視野角が広く，斜めからでも綺麗に見える長所があるが，消費電力は液晶ディスプレイよりも大きい．また，有機エレクトロルミネッセンスディスプレイ（OELD：organic electro-luminescence display, 有機 EL ともよばれる）は，発光ダイオード（LED）と同様の原理で発光するが，発光物質に有機化合物を用いているのが特徴である．このため，OLED（organic light emitting diode）とよばれることもある．また，LED は点発光だが，OELD は面発光である．OELD は，低消費電力で高速描画が可能であり，曲面ディスプレイにも適しているが，高価なことが欠点である．PD と OELD は，いずれも液晶とは異なり，自発光型のディスプレイであるため，バックライトが不要である．

11-10 人の自然な行動に近い動作によってデータ入力ができるが，装着時の違和感やグローブのサイズによっては装着できないことなどが考えられる．

📎 第 12 章

12-1 表 12.1 参照．

12-2 モニタプログラムは簡単な構成のコンピュータ用に作られたため，プログラムサイズが小さく，固定化して使用することが多いので ROM に格納される．一方，OS は複雑な構成のコンピュータ用途に発展してきたこともあり，サイズが大きく，目的によって異なる OS に切り替える場合があるため（たとえば，Windows と Linux），補助記憶装置などに格納されることが多い．

12-3 補助記憶装置に格納されているモニタプログラムや OS をメインメモリへ転送するためのプログラムである．

12-4 パソコンでは，ROM に格納された BIOS が動作し，はじめに読み取る入力装置を決める．そして，その入力装置の先頭部分に書かれた IPL を実行して，OS をメインメモリへ転送するのが一般的である．この場合，IPL は ROM ではなく，補助記憶装置に格納されている．

12-5 アプリケーションソフトウェアが異なっても，ある程度の共通的な操作が実現する．

12-6 入出力機能など，基本的な処理機能を OS が提供するために，効率的な開発が行える．

12-7 CUI 型 OS は，ユーザインタフェース部分のプログラムが簡単で済むが，ユーザにとっては使用しにくい．GUI 型 OS は，プログラムサイズが大きくなるが，ユーザフレンドリな操作を実現できる．

12-8 ① プロセス管理や入出力管理などの機能をもつ OS の核となる部分．
② プログラムを実行する際に，コンピュータから見たある仕事の単位．
③ 特権モードはカーネルが実行するモードであり，ユーザモードはアプリケーションプログラムから直接実行できるモードである．

12-9 生成されたプロセスは，実行待ち，実行可能，実行の各状態を経て，処理が完了したものから消去される．

12-10 プロセスが，互いに資源の使用待ちになり，処理が先に進まずに止まってしまう状態．

12-11 OS の一部であり，入出力管理を行う機能であるが，使用する入出力装置に合わせて導入するのが一般的である．

12-12 たとえば，Windows では，ファイルをフォルダという単位でまとめている．そして，フォルダの中に，さらにほかのフォルダを配置することで，階層的なファイル管理が行えるようになっている．

12-13 TRON（The Real-time Operating system Nucleus）は，理想的なコンピュータアーキテクチャの実現を目的として，1984 年に坂村によって提案された OS である．現在は，組込みシステム用の ITRON，パソコン用の BTRON，通信制御や情報処理を目的とした CTRON，IC カード用などの eTRON などの規格がある．

12-14 決められた時間内に，ある処理を終了させる要求．

演習問題解答　　159

第13章

13-1　① 分散処理　　② 集中処理　　③ 分散処理　　④ 分散処理

13-2　データの転送を開始せずに，一定時間後に再び伝送路をチェックする．そして，ほかのデータが流れていなければデータ転送を開始する．

13-3　⑤　③　④　②　①

13-4　クライアントは処理要求を出すコンピュータであり，サーバは要求された処理を実行して結果を戻すコンピュータである．

13-5　コンピュータをネットワークに接続して処理を行うための通信規約．

13-6　TCP/IP が採用されている（p.132，図 13.8）.

13-7　ルータ

第14章

14-1　出力ポートに接続されているのは LED であるが，入力ポートにはデータ保持型のトグルスイッチが接続されている．LED には，データを保持する機能がない．

14-2　① 命令数の拡張：命令コードは 4 ビット構成なので，最大 16 命令まで拡張できる．デコーダなどの制御回路は再設計が必要となる．

　　　② 演算回路の拡張：現在の FA を，ALU に変更する．これに伴って，命令や制御回路などの再設計が必要となる．

　　　③ 汎用レジスタの拡張：レジスタ B，レジスタ C などを追加する．これに伴って，命令や制御回路などの再設計が必要となる．

　　　いずれの拡張においても，命令数などが増えるために，メモリのアドレスを増加させる必要が生じるであろう．

14-3　出力ポートに接続してある LED を順次点灯していくことを繰り返すプログラムである．

リスト4

アドレス	ニーモニック	機械語
0000	LD A, 0000	0010 0000
0001	OUT 0001	0000 0001
0010	ADD A, 0001	0101 0001
0011	JPF 0010	0110 0010
0100	OUT 0011	0000 0011
0101	ADD A, 0001	0101 0001
0110	JPF 0101	0110 0101
0111	OUT 0111	0000 0111
1000	ADD A, 0001	0101 0001
1001	JPF 1000	0110 1000
1010	OUT 1111	0000 1111
1011	ADD A, 0001	0101 0001
1100	JPF 1011	0110 1011
1101	JP 0000	0001 0000

参考文献

[1] 室井和男：バビロニアの数学，東京大学出版会
[2] ハーマン H・ゴールドスタイン：計算機の歴史，共立出版
[3] 新戸雅章：バベッジのコンピュータ，筑摩書房
[4] CSK グループ：コンピュータの歴史（ビデオ），パーソナルメディア
[5] 大駒誠一：コンピュータ開発史，共立出版
[6] 星野力：誰がどうやってコンピュータを創ったのか？，共立出版
[7] アリス R・バークスほか：誰がコンピュータを発明したか，工業調査会
[8] クラーク R・モレンホフ：ENIAC 神話の崩れた日，工業調査会
[9] ジョエル・シャーキン：コンピュータを創った天才たち，草思社
[10] スコット・マッカートニー：エニアック，パーソナルメディア
[11] 遠藤諭：計算機屋かく戦えり，アスキー
[12] 嶋正利：マイクロコンピュータの歴史，岩波書店
[13] 嶋正利：次世代マイクロプロセッサ，日本経済新聞社
[14] ジョン L・ヘネシー，デイビット A・パターソン：コンピュータアーキテクチャ，日経 BP 社
[15] マイクロチップテクノロジー社，PIC16F84A Datasheet ほか
[16] ルネサスエレクトロニクス社：RX62N/RX621 グループ ユーザーズマニュアルハードウェア編
[17] ルネサスエレクトロニクス社：RX ファミリ ユーザーズマニュアル ソフトウェア編
[18] S-MOS Systems, Inc.：SRM2B256SLMX55/70/10，Datasheet
[19] スティーヴン B・ファーバー：比較研究 RISC アーキテクチャ，日経 BP 社
[20] 大貫徹：RISC プロセッサ入門，CQ 出版社
[21] 神保進一：最新マイクロプロセッサテクノロジ増補改訂版，日経 BP 社
[22] 中森章：マイクロプロセッサ・アーキテクチャ入門，CQ 出版社
[23] 曽和将容：コンピュータアーキテクチャ原理，コロナ社
[24] 富田眞治：第 2 版コンピュータアーキテクチャ，丸善
[25] 野地保：コンピュータアーキテクチャ，共立出版
[26] 馬場敬信：コンピュータアーキテクチャ（改訂 4 版），オーム社
[27] 舛岡富士雄：躍進するフラッシュメモリ改訂新版，工業調査会
[28] 岡村博司，服部正勝：改訂ハード・ディスク装置の構造と応用，CQ 出版社
[29] Maurice J. Bach：UNIX カーネルの設計，共立出版
[30] 野口健一郎：オペレーティングシステム，オーム社
[31] 白鳥則郎，高橋薫：コンピュータネットワーク入門，森北出版
[32] 藤原秀雄：コンピュータ設計概論，工学図書
[33] 村田和信：作れば解る CPU（トランジスタ技術 SPECIAL48），CQ 出版社
[34] 渡波郁：CPU の創りかた，毎日コミュニケーションズ
[35] 吉岡良雄：CPU を作ってみよう，弘前大学消費生活協同組合

さくいん

[英　数]

1 命令の平均実行時間　29
2 進化 10 進数　42
2 の補数　44
2 の補数表現　44
3 次元感触インタフェース　117
3 ステートバッファ　144
3 端子レギュレータ IC　148
3 増しコード　43

ABC マシン　5
A-D 変換器　43
AI　10
ALU　15
AND 型　73
ASCII　47

BCD　42
BD 装置　78
BIOS　120

CAM　88
CASL Ⅱ　28
CD 装置　77
CISC　37
C-MOS 型　70
COMET Ⅱ　15
CPI　29
CPP-GMR 素子　75
CPU　12, 13
CSMA/CD 方式　129
CUI　121

DDR SDRAM　69
DEC　17
DINOR 型　73
DMA　109, 144
DRAM　22, 68
DVD 装置　78

EBCDIC　47

EDSAC　6
EDVAC　6
EEPROM　72
EFM　77
ENIAC　6
EPROM　72
EUC　47

FA　48
FET　68
FIFO 法　83
FILO　20
FR　15

GMR 素子　75
GR　15
GUI　121

i4004　8, 13
IC メモリ　65, 67
IEEE　46
IoT　10
I/O マップト I/O　108
IPL　119
IR　17
ISO　47, 131

JIS　47

LAN　128
LAN アダプタ　132
LAN ケーブル　133
LRU 法　83
LSB　43

Mark-Ⅰ　34
MOS 型　68
MPU　12
MSB　43

NAND 型　72
NIC　132
NOR 型　73

OS　119
OSI 参照モデル　131

PC　16
PIC　35, 38
PIC16F84A　35, 39
POP　20
PUSH　20

RAM　66, 68
RAW　99
RISC　37, 135
RLL　78
ROM　66
RX　38
RX621　38

SDRAM　69
SIMD　105
SP　20
SRAM　68, 146
SSD　73
SSEM　6

TCP/IP　132
TFT 方式　114
TLB　87
TMR 素子　75
TPI　29

VLIW　104

WAR　99
WAW　99
Wi-Fi　128

[あ　行]

アイコン　122
アウトオブオーダー　103
アキュムレータ　15, 26
アクセス　65
アクセス時間　76

アクティブマトリックス方式
　114
アセンブラ言語　25
アタナソフ　5
アドレス・アドレス方式　27
アドレスバス　17
アドレス修飾　30
アドレッシング　30
アプリケーションソフトウェア
　120
アボート　92
アモルファス　78
アンダーフロー　47
アンパック形式　44

イーサネット　128
インクジェットプリンタ　115
インターナルフラグメンテーショ
　ン　86
インターネット　129
インタフェース　111
インタロック　99
インデックスレジスタ　32

ウィリアムス　5
ウィリアムズ　6
ウィルクス　6
ウェイ　103
ウォッチドッグタイマ　95

エイケン　5
液晶ディスプレイ　114
エクスターナルフラグメンテー
　ション　87
エッカート　6
エレックス　5
演算装置　12, 15

大木寅治郎　8
オーバーフロー　47
オーバーヘッド　98
オフライン処理　127
オペランド　25
オペレーティングシステム
　119
オンライン処理　127

[か　行]

階差エンジン　4
階差法　4
解析エンジン　4
外部記憶装置　66
外部割込み　92
ガウス消去法　5
拡張倍精度　46
加減算　48
仮想アドレス　85
仮想メモリ　84
カーネル　122
可変長命令方式　27
カルノー図　140
間接アドレッシング　31
間接制御方式　109
ガンター尺　8

記憶装置　12
機械語　25
機械語命令　25
機械式卓上計算機　7
基底アドレッシング　32
基底レジスタ　32
揮発性　66
キーボード　112
基本ソフトウェア　122
キャッシュ　80
キャッシュメモリ　34, 80, 85
キャッシュメモリの一致性問題
　83
ギャップ　74

組込み　14
クライアント・サーバ型　130
クラッシュ　75
クリスタル　78
グレイコード　43
クロック回路　143

計算尺　7, 8
げた履き表現　46
けち表現　46

コア　14
構造ハザード　99

固定小数点　45
固定長命令方式　27
コンパイラ　104
コンピュータアーキテクチャ
　1

[さ　行]

サウスブリッジ　22
先入れ後出し方式　20
サブルーチン　20, 91
サブルーチンのネスト　20
差分法　4
算術論理演算装置　15
参照局所性　80

シカルト　4
シーケンシャルアクセス　66
自己補数化性　43
システムバス　22
実アドレス　85
指標アドレッシング　32
指標レジスタ　32
嶋正利　8
ジャガード織機　4
集中処理　127
シュウツ　4
周辺装置　13
主記憶装置　13
縮小命令セットコンピュータ
　37
出力装置　13
条件分岐命令　16
乗算　49
情報化社会　10
処理時間　30
ジョルダン　5
シリンダ　75
シングルスカラ方式　103
シングルチップ型　14
人工知能　10

垂直型　63
垂直磁気記録方式　74
スイッチングダイオード　144
水平型　63
水平磁気記録方式　74
数表　3

さくいん　163

スケジューリング　104
スター型　128
スタック　20
スタックポインタ　20
ステージ　97
ストール　98
スーパーコンピュータ　10
スーパースカラ方式　103
スーパーバイザコール　91
スーパーパイプライン　102
スレッド　124
スロット　104

正規化　45
制御装置　12, 16
制御ハザード　100
制御メモリ　62
セクタ　76
セグメンテーション方式　86
セグメント　86
セットアソシアティブマッピング
　　方式　83
セレクタ　139
セレクタチャネル　111
全加算器　48, 137

相対アドレッシング　32
相変化記録方式　78
ソースオペランド　26
ゾーン形式　44
即値　27
即値アドレッシング　33
即値・レジスタ方式　27
疎結合システム　105
ソフトウェア　1
ソフトウェア割込み　91

[た　行]
ダイレクトマッピング方式　82
ダウンサイジング　127
多重レベルの割込み処理　94
タスク　123
タブレット　9
単一メモリ方式　12
単精度　46
単発パルス発生回路　147

遅延スロット　101
遅延分岐　100
逐次処理方式　12
チップセット　22
中央処理装置　12
直接アドレッシング　31
直接制御方式　108

ツイストペアケーブル　133
通常ルーチン　91

デイジーチェーン　110
ディレクトリ　125
デコーダ　17, 139
デスティネーションオペランド
　　26
データグローブ　116
データハザード　99
データバス　17
データ転送時間　76
デッドロック　87, 124
デバイスドライバ　125
手回し式計算機　8
電気機械変換方式　115
電気熱変換方式　115

トークン　129
トークンパッシング方式　129
トラック　75, 76
トラックパッド　113
トラップ　91
トレードオフ　2
トンネル効果　73

[な　行]
内部記憶装置　66
内部割込み　91

ニーモニックコード　25
入出力チャネル　111
入力装置　13

ネットワーク　127

ノイマン型　6, 12
ノースブリッジ　22
ノンマスカブル割込み　92

[は　行]
バイアス表現　46
倍精度　46
パイプライン　97
パイプラインスケジューリング
　　99
パイプライン処理　40
バイポーラ型　68
パケット　132
ハザード　98
パスカル　4
バス型　128
パソコン　9
パーソナルコンピュータ　9
パターソン　37
パターンドメディア　75
バーチャルリアリティ　118
パック形式　44
バッチ処理　127
ハードウェア　1
ハードウェア割込み　92
ハードディスク装置　74
ハーバード Mark-I　5
ハーバードアーキテクチャ
　　34, 81
ハブ　128, 133
バベッジ　4
ハワード・エイケン　34
バンク　71
半導体スイッチ　144
汎用 OS　125
汎用レジスタ　15

ピア・トゥ・ピア型　131
光ディスク装置　77
光ファイバケーブル　133
引き放し法　52
引き戻し法　52
ピット　77
ヒット率　81
非ノイマン型コンピュータ　34
ヒューマン・マシンインタフェー
　　ス　116

ファイル　125
ファームウェア　63

164　さくいん

フォーマット　76
フォン・ノイマン　6
フォン・ノイマンのボトルネック
　　21, 34
不揮発性　66
複雑命令セットコンピュータ
　　37
符号と絶対値表現　44
ブースリコーディング　51
ブース法　49
浮動小数点　45
部分積　49, 150
部分剰余　52
プライオリティエンコーダ　95
フラグレジスタ　15
フラッシュメモリ　72
フルアソシアティブマッピング方
　　式　82
ブルーレイ　79
ブレークポイント　91
プログラムカウンタ　16
プログラム可変内蔵方式　6, 12
プログラム記憶方式　12
プログラム固定内蔵方式　6
プログラム制御方式　5
プロセス　123
プロセスルール　14
プロトコル　131
分岐予測　101
分散処理　127

平均位置決め時間　76
平均回転待ち時間　76
平均命令実行サイクル数　29
ベクトルエンジン　105
ベクトルコンピュータ　105
ページ　86
ページテーブル　87
ページフォルト　86
ページング方式　86
ヘッドマウントディスプレイ
　　118
ベリー　5
逸見治郎　8

ポインティングデバイス　113
補助記憶装置　13

補数　44
ホストコンピュータ　127
ポーリング　110
ホレリス　5

[ま　行]
マイクロカーネル　122
マイクロコンピュータ　9
マイクロプログラム　62
マイクロプログラム制御方式
　　61
マイクロプロセッサ　8
マイクロ命令　62
マウス　113
マクロ命令　62
マザーボード　22
マシン語　25
マスカブル割込み　92
マッピング　82, 87
マッピング操作　85
マルチコア　105
マルチタスク　85, 122
マルチチップ型　14
マルチバイブレータ　143
マルチプレクサチャネル　111
マルチプロセッサ　105
丸め誤差　47

ミスヒット率　81
密結合システム　105

ムーアの法則　67
無線LAN　128

命令コード　25
命令実行サイクル　17
命令セット　28
命令の解読　17
命令の実行　17
命令の取出し　17
命令レジスタ　17
メインフレーム　10
メモリ　65
メモリインタリーブ方式　71
メモリ装置　65
メモリの空間的参照局所性　80
メモリの時間的参照局所性　80

メモリマップトI/O　108

モークリ　6
文字データ　47
モーションキャプチャシステム
　　117
モニタプログラム　119

[や　行]
有機色素記録方式　78
有効アドレス　30
有線LAN　128
ユニコード　47

[ら　行]
ライトスルー方式　84
ライトバック方式　84
ライプニッツ　4
ラッチ　58
ランダムアクセス　66
ランダム法　83

リアルタイムOS　125
リアルタイム性　125
リセット　92
リフレッシュ　68
リング型　128

累算器　15, 26
ルータ　133

例外　91, 92
レガシーインタフェース　111
レジスタ　27
連想メモリ　88

論理素子　6

[わ　行]
ワイヤードロジック制御方式
　　57
ワークステーション　9
割込み　91
割込みハンドラ　92
割込みベクタ　92
割込みベクタテーブル　92
割込みルーチン　91

さくいん　　165

著 者 略 歴

堀　桂太郎（ほり・けいたろう）

　千葉工業大学 工学部 電子工学科 卒業
　日本大学大学院 理工学研究科 電子工学専攻 博士前期課程 修了
　日本大学大学院 理工学研究科 情報科学専攻 博士後期課程 修了
　博士（工学）
　国立明石工業高等専門学校 名誉教授

　現在　神戸女子短期大学 総合生活学科 教授

＜おもな著書＞
　図解 VHDL 実習［第2版］（森北出版）
　図解 PIC マイコン実習［第2版］（森北出版）
　図解 LabVIEW 実習［第2版］（森北出版）
　図解 論理回路入門（森北出版）
　よくわかる電子回路の基礎（電気書院）
　ディジタル電子回路の基礎（東京電機大学出版局）
　アナログ電子回路の基礎（東京電機大学出版局）

編集担当　村瀬健太（森北出版）
編集責任　藤原祐介（森北出版）
組　　版　日本制作センター
印　　刷　　　同
製　　本　　　同

図解コンピュータアーキテクチャ入門
（第3版）　　　　　　　　　　　　　　© 堀　桂太郎　2019

2005 年 2 月 28 日　　第 1 版第 1 刷発行　　　【本書の無断転載を禁ず】
2010 年 9 月 30 日　　第 1 版第 5 刷発行
2011 年 11 月 15 日　　第 2 版第 1 刷発行
2019 年 9 月 28 日　　第 2 版第 10 刷発行
2019 年 12 月 20 日　　第 3 版第 1 刷発行
2023 年 8 月 25 日　　第 3 版第 5 刷発行

著　　　者　堀　桂太郎
発　行　者　森北博巳
発　行　所　森北出版株式会社
　　　　　　東京都千代田区富士見 1-4-11（〒 102-0071）
　　　　　　電話 03-3265-8341／FAX 03-3264-8709
　　　　　　https://www.morikita.co.jp/
　　　　　　日本書籍出版協会・自然科学書協会　会員
　　　　　　JCOPY ＜（一社）出版者著作権管理機構　委託出版物＞

落丁・乱丁本はお取替えいたします

Printed in Japan ／ ISBN978-4-627-82903-9